김현섭
박민수
정만영

공동 편지차

건축표기체계

상상, 도판, 건물이 서로를 지시하는 방식

현명석 대표 편저

아키텍스트

ⓒ 이 책의 한국어 판권은 베스툰 코리아 에이전시를 통하여 저작권자와 계약한 아키트윈스에 있습니다. 저작권법에 의해 한국 내에서 보호를 받는 저작물이므로 어떠한 형태로든 무단 전재와 무단 복제를 금합니다.

일러두기
1 이 책은 서울과학기술대학교의 'NEW BEAR' 프로그램의 지원을 받아 제작되었습니다.
2 이 책은 대표 편저자의 시각을 통해 건축전문지에 소개된 여러 저자의 글을 엮어 만들어졌습니다.
3 원문에 없던 옮긴이 주석은 [옮긴이]로 표기했습니다.

차례

7 프롤로그:
상상, 도면, 건물이 서로를
지시하는 방식
현명석

21 건물이 의미하는 방식
넬슨 굿맨 지음, 김현섭 옮김

59 건축적 투사
로빈 에반스 지음, 정만영 옮김

137 건축 드로잉이 작동하는 방식
소닛 바프나 지음, 현명석 옮김

215 서막
마리오 카르포 지음, 박민수 옮김

273 도판 출처

프롤로그: 상상, 도면, 건물이 서로를 지시하는 방식

윤원화

1

레온 바티스타 알베르티Leon Battista Alberti는 건축가의 역할을 건물 짓기가 아닌 건물 그리기 또는 디자인하기로 정립했다. 이후 건축가가 다루는 매체는 그 작업의 종착점인 건물로부터 점점 멀어졌고, 건축가의 직능은 건물의 특정한 속성을 지시하거나, 그것에 관한 드로잉을 그리거나, 모형을 만드는 등 재현 행위를 통해 간접적으로 디자인을 실천하는 것이 주가 되었다. 실제로 건축 디자인이 이루어지는 매체인 드로잉과, 디자인의 대상이 되는 매체인 건물은 본질적으로 다를 수밖에 없다. 둘 사이에는 늘 메꿔야 할 틈이 있으며, 그 가운데서 일부 포개지기도 하고, 어긋나기도 하며, 때로는 이종의 무언가를 파생시키기도 한다. 따라서 우리는 '재현'이라는 주제를 생각할 때 일반적으로 떠올리는 '의미', '해석', '매체', '투명성'과 '불투명성', '동일성'과 '비동일성' 등의 의제를 건축에서도 상정해볼 수 있다. 물론 '건축' 재현이 갖는 고유한 특수성은 언제나 고려돼야 한다. 건축 재현은 역사적, 기술적인 층위에서 어느 정도 틀이 갖추어진, 궁극적으로는 건축적인 무언가를 지향하는 체계인 까닭이다. 여기에 모아놓은 글들은 건축의 영역에서 벌어지는 이러한 재현의 문제를 다루고 있다.

    건축에서 재현이라는 주제가 새삼스럽지는 않지만 이 책에 실린 네 편의 글은 모두 건축 재현의 '방식'에 주목한다는 점에서 하나의 맥락이 있으며, 이를 통해 건축 재현이 '어떻게' 작동하는가라는 질문을 던지고 있다. 건축 재현의 작동 방식에 대한 관심은 곧 그 매체와 기술에 대한 관심이며, 그 바탕에는 건축 재현의 방식과 매체 그리고 기술이 건축이라는 기율을 정의하는 주도적인 인자라는 인식이 깔려 있다. 실제로 건축 재현 방식은 현대 건축의 다양한 문제들 예를 들어 그것이 촉발하는 감각적 경험과 의미, 그것의 영역과 가능성, 그리고 저자성 등을 보다 정밀하게 이해하는 데 큰 도움을 준다. 덧붙여 나는 오늘날 건축 프락시스praxis를 급작스럽게 바꾸고 있는 결정적 인자는 다른 무엇보다도 건축 재현의 방식, 매체, 기술 내부의 급진적 변화와 그에 따른 인식론적 전환에 있다고 생각한다. 이 책에 '건축 표기 체계: 상상, 도면, 건물이 서로를 지시하는 방식'이라는 제목을 붙인 것 역시 오늘날 건축 재현이 건축가가 상상하는 것을 건물이라는 실체로 옮기는 방식, 특히 그것을 지시하는 표기notation로서 작동하는 방식을 세밀하게 들여다보는 것이 현대 건축의 첨예한 문제들을 이해하는 데 중요하다고 보았기 때문이다.

    뒤에 보다 자세히 논할 넬슨 굿맨Nelson Goodman의 정의에 따르면, 상징의 여러 갈래 중 표기란 재현하는 것이 재현되는 것과 모호함 없이 일대일로 포개지는 경우다.[1] 예를 들어 알베르티가 투사projection의 방식을 통해 건축 드로잉과 건물이 일대일로 동일시되는 이상적 표기를 꿈꾸었다면, 그리고 알베르티의 꿈이 당대에는 이루어질 수 없는 불가능한 것이었다면, 뉴욕파이브The Five를 비롯한 종이 건축가들은 오히려 투사를 통해 건축 재현의 비표기적 속성을 적극적으로 드러내고, 그 모호함의 경계에서 의미를 생성시켜 그들 작업의 직접적 매체가 되는 건축 재현의 자율성과 영향력을 높였다고 할 수 있다. 어느 때보다 기술이 실천을 주도하고 있는 오늘날 디지털 건축에서 건축 드로잉은 말 그대로 수화digitization된 정보의 형식을 띤다. 이는 투사를 통해 디자인 또는 건물의 시각 정보를 드로잉에 그대로 각인시켜 동일시하려 했던 알베르티의 전략이 수화된 정보의 이음새 없는seamless 이동을 통한 동일시 전략으로 재편되었음을 말한다. 디지털 건축에서 재현 매체는 역사상 그 어느 때보다 굿맨이 정의하는 표기에 가깝게 접근하였다. 이 책이 이러한 현대 건축의 조건과 양상에 대한 이해를 돕고, 그에 대해 취할 수 있는 태도를 고민하기 위한 바탕이 되기를 바란다.

---

1   Nelson Goodman, "The Theory of Notation," *Languages of Art: An Approach to a Theory of Symbols* (Indianapolis: Hackett Publishing Company, 1968).

2

이 책에 실린 첫 번째 글은 넬슨 굿맨의 「건물이 의미하는 방식 How Buildings Mean」(김현섭 옮김)이다. 굿맨의 일반 상징론은 모든 지시하는 것과 지시되는 것 사이의 관계, 곧 굿맨이 상징이라 부르는 관계[2]를 분석적이고 체계적으로 설명하고자 하는 기획이다. 「건물이 의미하는 방식」은 특히 굿맨이 상징물 중에서도 다소 독특하다고 여긴 건물이 의미하는 방식에 관한 고찰이다. 이 글을 맨 앞에 놓은 것은 그의 상징론에서 제기되는 여러 개념 사이의 정밀한 구분이 건축 재현의 다양한 양상과 방식을 이해하는 데 유용한 까닭이다.

이러한 맥락에서 굿맨의 상징론 그중에서도 그가 제시한 표기의 개념과 오토그래픽autographic과 알로그래픽allographic의 구분을 간단히 짚어보자. 굿맨의 상징에서 지시되는 것 곧 지시체는 다른 어떤 인자보다도 그 지시 방식에 따라 끊임없이 구축되고 재구축되는 다원적 존재다. 굿맨에게 실재 세계와 그 인식의 다원성은 항시적으로 발생하는 상징의 구축과 재구축에서 비롯된다. '단일한 세계에 대한 다수의 해석이 존재'하는 것이 아니라, '다수의 해석과 의미가 다양한

---

2 넬슨 굿맨의 표현을 빌면, 그의 "상징"은 "매우 보편적이고 색깔 없는 개념"이다. Goodman, *Languages of Art*, p.xi.

그들만의 세계로서 존재하며, 고로 어느 하나로 환원될 수 없다'는 다원론이다. 사물이 상징으로 작동할 때 그것은 매우 능동적으로 자신의 의미와 세계를 구축한다. 또한 그 상징적 사물에 대한 보는 이의 관여 역시 매우 능동적이다. 그는 사물이 상징하는 바를 비판적으로 판단하고 드러냄으로써, 즉 해석함으로써 그것의 의미와 세계를 재구축하는 또 다른 주체다. 따라서 굿맨의 예술론은 인식론이자 존재론이다.

    굿맨은 지시하는 것(문자)들의 연속체와 지시되는 것(지시체)들의 연속체가 서로 대치하는, 그리고 이 두 개의 연속체가 특정 규칙에 따라 관계 맺는 체계를 상징으로 정의했다. 이때 상징이 표기가 되기 위해서는 다음의 조건을 충족시켜야 한다. 첫째, 지시하는 문자들이 서로 뚜렷하게 분절된 상태여야 한다. 이러한 경우를 통사론적 분절syntactically discrete이라고 한다. 둘째, 지시되는 지시체들 역시 서로에 대해 뚜렷하게 의미론적으로 분절sematically discrete되어야 한다. 셋째, 지시하는 개별 문자와 지시되는 개별 지시체가 각각 일대일로 대응하여야 한다. 예를 들어 '03084'라는 문자는 특정 우편번호로서 혜화동 대학로의 특정 지역을 지시한다. 이때 그 문자가 ' 03084 '인지, '**03084**'인지, 혹은 '*03084*'인지는 중요치 않다. 이들 모두는 동일하게 같은 우편번호, 같은 지역을 지시한다. 즉 서로를 무리없이 대체할 수 있는 한 상징 개체의 다른 부류일 뿐이다. 하지만 '03084'는 '03085'와 명백히 다른 우편번호와 지역을 지시한다. 따라서 우편번호의 체계는 표기적이다. 상징 스펙트럼에서 표기의 정반대편에 위치한 것은 회화다. 회화는 지시하는 것과 지시되는 것의 연속체가 공히 비분절적이다. 따라서 회화적 상징은 통사론적, 의미론적으로 공히 조밀하고 충만하다. 말하자면 회화에서는 세밀하게 그린 선과 굵고 뭉툭한 선, 얇게 펴서 발라진 물감과 두터운 물감, 엷고 희미한 빨강과 도드라진 핏빛 빨강, 그리고 이들 사이에 있을 수 있는 수많은 질적 차이가 모두 중요하다.

표기 개념과 곧바로 결부되는 것이 오토그래픽과 알로그래픽의 구분이다. 오토그래픽 예술이나 기술에서 작품의 정체성은 그것의 생산 역사에서 비롯된다. 다시 말해 어떤 대상을 완벽하게 모사한다 해도 본래 대상의 정체성을 생산 역사로 정의하지 못한다면 그것은 오토그래픽의 성격을 띤다고 할 수 있다. 예를 들어 라파엘로 산치오 Raffaello Sanzio 작품의 모사품은 설사 완벽하게 라파엘로의 그림을 닮았다 하더라도 그 둘의 근본적으로 다른 생산 역사로 인해 다른 정체성, 즉 오토그래픽 성격을 갖는다. 그와 달리 알로그래픽 예술이나 기술에서 작품의 정체성은 그것의 생산 역사와 무관하게 표기 수단을 통해 얻어진다.

생산 역사로부터 완벽히 해방된 작품의 최종 정체성은 표기법이 정립된 이후에야 정해진다. 알로그래픽 예술은 선포를 통해서가 아니라 표기에 의해 해방되었다.[3]

알로그래픽의 사례로는 문학이나 음악을 들 수 있다. 예를 들어 셰익스피어의 희곡이 표기된 모든 책은 한 작품의 다른 사건일 뿐이며, 베토벤의 교향곡이 표기된 모든 악보 역시 한 작품의 다른 사건이다. 이러한 알로그래픽 작품은 복제와 재생산이 가능한 반면, 오토그래픽 작품을 복제하거나 재생산하려는 시도는 곧 위작이 될 수밖에 없다.

오토그래픽과 알로그래픽 사이의 구분이 중요한 이유는 둘 중 어디에 속하느냐에 따라 어떤 작품이나 작업의 진정성을 판별하는 기준이 달라지기 때문이다. 이는 곧 디지털 기술의 첨예한 문제인 저자성으로 직결되는데, 이 논의는 마지막에 소개될 마리오 카르포Mario Carpo의 글에서 본격적으로 다룰 예정이다.

이 책에 두 번째로 실린 로빈 에반스Robin Evans의 「건축적 투사Architectural Projection」(정만영 옮김)는 제목 그대로 투사 방식을 통한 건축 재현, 곧 건축가의 상상과 건물 사이의 관계를 다룬

---

3   Goodman, *Languages of Art*, p.166.

글이다. 투사는 알베르티가 이론으로 확립한 후 오늘날까지, 건축 재현의 주요 원리로 여겨진다. 투사는 알베르티 자신이 벌려 놓은 드로잉과 디자인 또는 건물 사이의 틈을 메꾸기 위해 제시했던 동일시의 전략이었다. 만약 투사가 알베르티의 의도대로 이상적으로 작동했다면 재현하는 것과 재현되는 것 사이에는 온전한 동일시가 이루어졌을 것이다. 하지만 투사가 지닌 선적이고 표지index적인 속성으로 인해, 그리고 디자인, 드로잉, 건물이 근본적으로 다른 매체인 까닭에 알베르티가 꿈꾸었던 온전한 동일시는 실현되지 못했다. 에반스는 이 사실에 집중하여 오히려 투사가 메꿀 수 없는 간극으로부터 파생되는 다양한 어긋남을, 그리고 더 중요하게는 그 어긋남에서 파생되는 다양한 가능성을 사례를 들어 제시한다.

세 번째로 소개하는 소닛 바프나Sonit Bafna의 「건축 드로잉이 작동하는 방식 - 그리고 이것이 건축에서 재현의 역할에 대해 알려주는 것How Architectural Drawings Work - and What That Implies for the Role of Representation in Architecture」(현명석 옮김)은 건축 드로잉의 작동 방식이라는 주제를 분석적 예술 철학의 틀 안에서 풀어낸 시도다. 바프나는 굿맨을 비롯한 리처드 월하임Richard Wollheim, 아서 단토Arthur Danto, 마이클 포드로Michael Podro, 켄달 월튼Kendall Walton 등 영미권 분석철학자나 예술사가들이 재현 예술을 분석적으로 연구하여 이룬 가치있는 성과를 토대로 건축 드로잉의 은유성을 설명한다. 특히 바프나는 이중적 보기, 변용, 묘사 등의 개념들에 기대어 건축 드로잉, 그중에서도 특히 프레젠테이션을 위한 드로잉이 어떻게 비표기적 방식으로 건축성을 확보하고 지시하는지를 고찰한다. 그가 집중적으로 연구한 대상은 미스의 벽돌 전원주택 계획안이다. 바프나에 따르면 이러한 부류의 상상적 드로잉이 작동하는 방식은 구체적 기능에서 표기적 드로잉과 명백히 구분된다. 표기적 드로잉이 건물을 명시적으로 지시하는 데 의의를 둔다면, 상상적 드로잉은 특별한 읽기의 방식, 보다 정확하게는 드로잉 자체가 지닌 건축적 특질에 대한 시각적 주목을 촉발하는 데 가치와 목적을 둔다. 결국 후자는 보는 이가 '상상을 통해 건축 작업의 형성작용에 참여하도록' 유도하는 기능을 수행한다. 건축 드로잉이 단순히 그 재현 대상을 시각화하는 것이 아니라, 어떤 건축 의미체content 다시 말해 은유를 통해 건축적인 무언가에 관한 속성aboutness을 끌어낸다는 말이다.

　네 번째로 소개하는 글은 마리오 카르포가 쓴 책 『알파벳과 알고리듬The Alphabet and the Algorithm』(2011)의 두 번째 장 「서막The Rise」(박민수 옮김)이다. 이 글은 카르포가 다시 쓰고 있는 알베르티가 속한 초기 근대 이후 건축사, 특히 건축 재현 매체나 기술에 따라 건축 실천과 인식론의 패러다임이 전환되는 역사적 순간을 그리고 있다. 카르포는 특히 알베르티가 건축가의 작업을 '건물 짓기'가 아닌 '디자인하기'와 '그리기'로 규정한 순간, 곧 건물 디자인을 드로잉으로 구현하는 건축가architect와 실제로 건물을 짓는 장인builder을 구분한 때부터 건축은 오토그래픽이 아닌 알로그래픽의 예술과 기술이 되었음에 주목한다. 이때 건축가는 알로그래픽의 방식을 통해 작업해야만, 다시 말해 표기를 통해 드로잉과 건물의 동일성을 담보해야만 건물의 저자로서 위상을 유지할 수 있다. 둘 사이를 구분하는 알베르티의 기획이 오히려 둘 사이의 틈을 다시 좁혀야 하는 역설적인 상황을 낳았고, 필연적으로 건축 표기 체계의 고안으로 이어지게 된 것이다. 이 지점에서 카르포는 건축의 저자인 건축가의 위상을 지키기 위해 알베르티가 제안했던 표기 체계의 이중성에 주목한다. 흥미로운 사실은 알베르티의 알로그래픽 매체와 기술이 이후 두 가지 다른 방향으로 전개된다는 점이다. 투사의 구조에서 그리는 눈과 그려지는 것 사이에 개입하는 투명한 화면인 창에 각인되는 그림의 본질은 결국 그려지는 것이 좌표 위에 수화 되어 매핑mapping된 것이라 할 수 있다. 굿맨의 어법에 따르면 분절적 표기를 지향하는 이러한 재현 방식은 알베르티 시대에 상용화되기 시작한 운반 가능한 활자조판movable type 인쇄술과 만나서 표준화와 레퍼토리의 패러다임을 구성했지만, 이후 빠른 연산 속도를 기반으로 계속 루프loop를 실행하는 컴퓨터와 만나서는 알고리듬에 의해 파생되는 변이의 패러다임을 구성한다.

 결국 근대 건축의 표준화(알파벳)와 디지털 건축의 변이 (알고리듬) 논리는 하나의 기원에서 비롯되었다. 따라서 디지털 혁명 이후 기존 건축의 패러다임이 직면한 위기는 단지 근대적 표준화의 대척점에 있는 생성과 변이, 그리고 경제성이 담보된 주문 제작에 의해서만 촉발되는 것이 아니다. 오히려 더 큰 위협은 재현하는 것과 재현되는 것 사이 완벽한 동일시가 이미 실현 단계에 도달했다는 데 있다. 예를 들어 건축가의 디자인을 구현하는 매체가 더 이상 시각화된 드로잉이 아닌 수화된 정보라면, 그리고 기계가 이 정보를 받아 즉각적이고 비매개적인 방식으로 건물을 생산한다면 어떨까? 다시 말해 알베르티가 벌려 놓은 틈새가 애초에 존재하지 않는 조건이 된다면, 동일시의 필요성 그리고 우리가 지금껏 고안하여 알고 있던 동일시를 지향하는 다양한 표기 체계는 설 자리를 잃게 될 것이다. 우리는 이미 3D 프린팅이나 디지털 공작 등을 통해 그 징후를 목격하고 있다. 한발 더 나아가 기계에 디자인의 기하학 정보를 공급하는 주체가 인간이 아니라면, 기계가 그 고유의 지성으로 스스로 정보를 취합하고 재편하고 파생시켜 건축 디자인과 생산을 동시에 실천하게 된다면 우리는 건축가와 건축 기율을 근본부터 다시 정의해야 할지도 모른다. 이미 변화의 징후는 차고 넘친다.

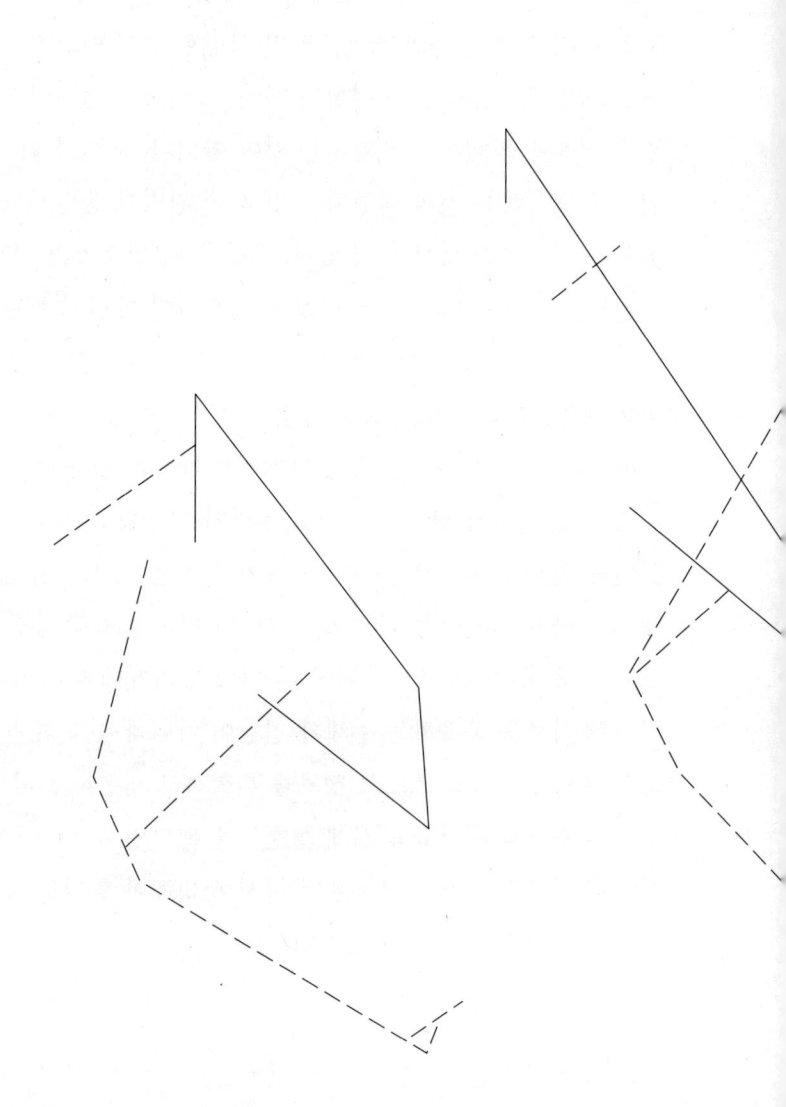

건물이 의미하는 방식

넬슨 굿맨

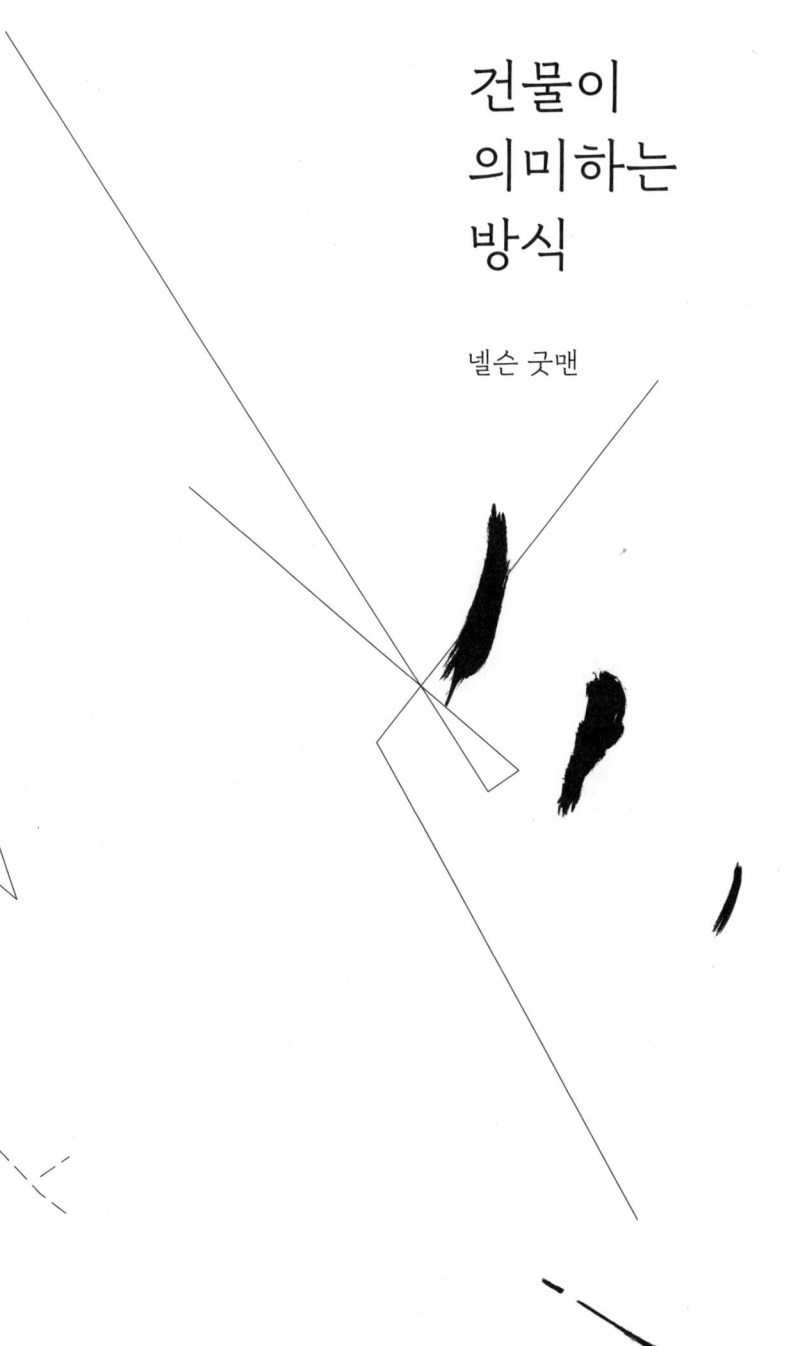

소개하는 글

「건물이 의미하는 방식」, 넬슨 굿맨
— 김현섭 —

소개하는 글

미국 하버드대학교의 교수였던 철학자 넬슨 굿맨Nelson Goodman은 분석철학과 현대 미학의 중요 인물로 명성을 얻었다. 특히 그의 『예술의 언어들: 상징이론을 향하여Languages of Art: An Approach to a Theory of Symbol』(1968; 1976)는 예술의 문제에 대한 분석적 접근에 큰 영향을 미친 저작이다. 그에 따르면 예술은 우리 삶의 현실을 이해하고 구축하는 데 기여하며, 그 목적과 수단에 있어서 과학이나 일상의 경험과 크게 다르지 않다. 예술은 "상징"으로서 세계(들)를 여러 방식으로 지시하기 때문에, 상징에는 "해석"이 요구된다. 상징의 성공 여부, 즉 상징이 시간을 견디며 성공적으로 투사됐는지의 여부는 문화적, 예술적, 언어적 공동체 가운데 그것이 얼마나 관습적으로 "단단히 자리 잡았는지entrenched"로 알 수 있다. 그리고 상징은 "상징체계" 속에서만 작동하는데, 상징체계에는 언어적인 것뿐만 아니라 비언어적인 것들(회화, 몸짓, 다이어그램 등)도 있고, 이들은 제각각 구문론적인 규칙이나 의미론적인 규칙에 지배 받는다. 앞에 내포됐듯, 굿맨에게 "상징"은 "지시"와 다름 없는데(그의 "상징이론"의 핵심은 "지시이론"이다), 지시에는 여러 방식이 있다. 건물의 의미하는 방식 또한 이 지시의 방식을 따른다고 할 수 있다. 이에 대해 자세히 설명하는 것이 바로 「건물이 의미하는 방식」이라는 논고다.   ¶   이 논고는 1985년 6월, 영향력 있는 예술 및 인문학 비평지인 『크리티컬 인콰이어리Critical Inquiry』(vol. 11, no. 4)에 처음 발표됐다. 이후 굿맨이 캐서린 엘긴Catherine Z. Elgin과 함께 출판한 단행본 『철학과 여타 예술 및 과학에 대한 재구상Reconceptions in Philosophy and Other

Arts and Sciences』(Indianapolis: Hackett Publishing Company, 1988)에 한 챕터로 삽입됐으며, 필립 엘퍼슨Philip A. Alperson이 편집한 『시각예술의 철학The Philosophy of the Visual Arts』(Oxford: Oxford University Press, 1992)에도 실리게 된다. 세 글은 본문 및 편집 형식에 약간의 차이가 있지만, 전체 구도 속에서는 미미한 정도다.¹ 이 책에서는 소챕터를 나누고 도판을 더 넣은 1988년도 판을 우리말로 옮겼다.　¶　「건물이 의미하는 방식」은 제목이 말해주듯 "건물이 의미하는 방식" 혹은 "건물은 어떻게 의미하는가"를 다룬다. 그러나 글은 아르투어 쇼펜하우어Arthur Schopenhauer를 언급하며 여러 예술과 건축의 차이점(혹은 유사점)을 말하는 것으로 시작한다. 비록 쇼펜하우어가 음악을 최고의 예술로, 건축을 최하위의 예술로 봤지만 둘 다 "서술적이거나 재현적이거나 외연적이지 않다"는 점에서 유사하다는 것이다. 굿맨은 "건축에 의미가 있다면 그것은 다른 방식으로 의미한다"고 주장한다. 그렇다면 건물은 어떻게 의미하는가? 그것은 바로 "지시혹은 참조, reference"를 통해서다. 굿맨은 다양한 지시의 유형을 "외연denotation", "예시exemplification", "표현

1　처음 저널에 발표했던 논고가 단행본에 포함되면서 (아마도 독자의 편의를 위해) 소챕터가 구분됐고 도판이 3개에서 7개로 증가했다. 그런데 피어첸하일리겐 순례교회의 1층 평면이 천장면 이미지로 잘못 교체된 것은 큰 아쉬움이다. 또한 본문의 일부 문장이 바뀌었지만 대세에는 지장이 없다. 한편, 주석이 16 개에서 13개로 줄었는 데, 사라진 3개의 주석이 담았던 참고문헌이 본문에 약호로 삽입됐기 때문에 변화라 볼 수 없다. 하지만 1988년의 챕터를 그대로 가져온 1992년도의 단행본에는 본문 세 곳에 삽입됐던 참고문헌이 사라진다.

expression", "중재된 지시mediated reference"라는 네 가지 범주로 나누어 설명한다. ¶ 우선, "외연"이라는 것은 "명명, 예측, 기술, 서술, 설명" 그리고 "묘사와 모든 회화적 재현"을 뜻한다. 그러나 건물은 문자적 텍스트나 회화가 아니기 때문에 "보통은 서술하거나 묘사하지 않는다." 즉, 건축에는 "재현"이 관례적이지 않기 때문에 "외연"은 부차적이며(핫도그 스탠드로부터 시드니 오페라하우스까지 여러 사례가 있지만), 대신 다른 유형의 지시가 중요하다는 것이다. 그가 건축에서 가장 주요한 의미 방식으로 여긴 지시는 바로 "예시"다. "예시"란 "건물이 문자적이든 은유적이든 어떤 속성을 지시하는 것"이다. "예시"는 "외연"의 지시 방향을 뒤집었다고 볼 수 있다. 즉, "외연"이 일종의 "라벨"로서 적용되는 반면, "예시"는 "지시의 속성에 적용되는 특정 라벨"이다. 예를 들어, 견본으로 쓰이는 옷감 조각은 그 견본 자체를 지시(외연)하는 것이 아니라 그 견본의 속성을 갖는 옷감이나 그 옷감으로 만든 드레스를 지시(예시)하는 것이다. 굿맨에 따르면 슈뢰더 주택은 선형 요소와 면으로 파편화됨으로써 구조를 "예시"하며, 피어첸하일리겐 순례교회는 "양축의 유기체"와 "관례적 라틴십자"라는 두 가지 체계가 결합된 또 다른 구조를 "예시"한다. 그런데 그는 "문자적 예시"는 그냥 "예시"로, "은유적 속성에 대한 예시"는 "표현"으로 부른다. 문자적으로는 오류인 지시가 은유적으로는 진실일 수 있다. 건축 작품은 "일차적(문자적) 속성을 예시하고, 이차적(은유적) 속성을 표현한다." 루돌프 아른하임Rudolph Arnheim의 문구를 전유한다면, 산 미니아토 알 몬테는 "땅에 의존하는 자족적 오브제로서의 성격"을 "예시"하고, "자기 중심의 총체성을 유지하려는 인간의 투쟁"을 "표현"한다고 볼 수 있다. 한편, 난해하고 복잡한 개념은 "중재된 지시"에 의해 훨씬 우회적으로 지시되는데, 이는 "암시allusion"로도 불린다. 교회가 요트를 재현하고 요트가 땅으로부터의 자유를 예시하며, 그런 자유는 또한 정신성을 예시하는 것이 그렇다. 그런데 지시 관계를 구성하는 연쇄과정이 한 끝에서 다른 끝으로만 지시하는 것은 아니며, 연쇄과정을 통한 지시가 일상이 되면 그 순환은 짧아진다. 예를 들어, 한 건물이 고전 비례를 "예시"하는 신전을 "암시"하면 그것은 그 비례를 직접 "표현"할 수도 있다는 것이다. ¶ 건물이 의미하는 방식에 대한 논의를 마친 굿맨은 그 의미가 모두에게 옳은지, 해석에 대한 입장을 세 가지로 분류한다. 첫째는 "절대주의자의 견해"로서, "정확한 해석은 하나뿐"이며 작품은 "예술가의 의도와 일치함으로써" 그 올바름이 확인된다는 입장이다. 하지만 굿맨은 이런 입장을 거부하는데, (위대한) 예술 작품은 보통 "의도하지 않았던 바가 실현된 경우"가 많고 다양한 해석에 열려있기 때문이다. 둘째는 "극단적 상대주의자의 견해"로서, 모든 해석이 가능하고 동등하며, "해석의 옳고 그름의 차이가 인식되지 않는다"는 입장이다. 하지만 이 입장에서는 해석이 작품과 무관한 까닭에 건축에서는 타당치 않다. 건축은 회화 등 다른 예술과 달리 건물에 대한 "시각적이고 동적인 경험의 이질적 조합"이 있어야 해석이 가능하다. 셋째는 절대주의와 상대주의에 대한 굿맨의 대안으로서 "건설적 상대주의" 입장이다. 이 견해는 작품에 대한 많은 추론, 즉 해석 중 일부만을 옳다고 여기기 때문에, 서로의 차이를 필수적으로 고려해야 한다는 것이다. 이상의 건축 해석의 옳고 그름의 판단에 대한 한 관점으로 그는 "적합성fit"을 제시한다. 이는 "부분들이 함께 들어맞고 전체가 맥락이나 배경에 어울림"에 관한 것이다. 적합성의 기준은 고정된 게 아니라 변하는데, 외연, 예시, 표현, 중재된 지시 등에 의존하게 된다. 마지막으로 굿맨은, 건물이 어떻게 (그리고 언제) 의미하는지가 왜 중요한가에 대해 짧게 논하며 다음과 같은 건축의 의의로 글을 마무리한다. "다른 어떤 작품보다도 건물은 우리 환경을 물리적으로 변화시킨다. 그러나 그 못지않게 건물은 예술 작품으로서 여러 의미의 통로를 통해 우리의 전체 경험에 영향을 미치고 전체 경험을 재조직한다. 다른 예술 작품처럼—그리고 또한 과학이론처럼—건물은 새로운 통찰력을 주고, 이해를 증진시키며, 우리가 끝없이 세계를 재창조하는 데 참여한다."

¶ "건축 표기 체계"를 주제로 한 이 책은 굿맨의 예술론을 바탕으로 하기 때문에, 굿맨의 「건물이 의미하는 방식」의 독해는 전체 논고들의 발판으로 볼 수 있다. 그런데 이 텍스트는 모든 논고들을 포괄하기보다 일부와 선택적으로 관계하는 것 같다. 즉, 전체를 "외연"하기보다 "예시"한다고 굿맨 식으로 표현할 수 있지 않을까? 한편, 굿맨이 이 텍스트에서 제시한 "건물이 의미하는 방식"으로서 "예시" 등의 개념이 일반적 건축 해석학에서 얼마나 유효하게 작동할 수 있는지 궁리할 필요가 있다. 예를 들어, 조나단 헤일Jonathan A. Hale.은 『건축을 사유하다: 건

소개하는 글

축이론 입문Building Ideas: An Introduction to Architectural Theory』(1998)에서 "건물이 무엇을 의미하는가what buildings mean"와 "건물이 어떻게 의미하는가how buildings mean", 즉 "건물이 의미하는 방식"을 각각 현상학과 구조주의의 견지에서 논한 바 있다.[2] 그렇다면 굿맨의 분석철학적 논지는 구조주의적 입장과 어떻게 교차하며 어긋날까?

원문 출처
Nelson Goodman. "How Buildings Mean," *Critical Inquiry*, vol. 11, no. 4 (June 1985), pp.642-653.

---

2   조나단 헤일, 『건축을 사유하다: 건축이론 입문』, 김현섭 옮김, 고려대학교 출판문화원, 2017.

건물이 의미하는 방식

넬슨 굿맨

로리 올린(Laurie Olin)과
존 화이트맨(John Whiteman)이
건축 문헌에 관해 소중한 도움을 줬다.

1. 건축 작품

아르투어 쇼펜하우어는 여러 예술의 위계를 세운 바 있다. 여기서는 문학과 드라마가 최고에 위치하는 한편 음악이 이와 별도로 훨씬 더 높은 천상에 오르는데, 건축은 보와 벽돌과 모르타르의 무게로 땅 속에 가라앉는다.[1] 그 지배 원리는 정신성에 있는 듯하다. 건축은 아주 물질적이어서 최하위에 위치한 것이다.

요즘은 그런 위계가 그다지 진지하게 받아들여지지 않는다. 예술에 대한 전통적 이념과 신화가 해체되거나 가치를 잃으며 중립적 비교연구에 자리를 내어주고 있기 때문이다. 그 같은 비교연구는 여러 예술 사이의 관계를 밝힐 수 있다.[2] 뿐만 아니라 예술, 과학, 그리고 (여러 종류의 상징이 이해를 진전시키는) 여타 방식들 간의 유사점과 차이점 역시도 드러낼 수 있다.

쇼펜하우어의 주장에도 불구하고 건축을 다른 예술과

---

1   Bryan Magee, *The Philosophy of Shopenhauer* (Oxford: Oxford University Press, 1983), pp.176-178.

2   최근의 연구로는 다음이 있다. *Das Laokoon-Projekt* Gunter Gebauer ed., (Stuttgart: J. V. Metzler, 1984). 특히 이 책의 137-165쪽에 실린 게바우어(Gebauer)의 에세이 「상징의 구조와 예술의 지평, 예술에서 상징의 재현 능력에 관한 레싱의 분석 (Symbolstrukturen und die Grenzen der Kunst, Zu Lessings Kritik der Darstellungsfahigkeit kunstlerischer Symbole)」을 참고하라.

비교할 때 가장 먼저 눈에 띄는 점은 음악과의 밀접한 관련성이다. 건축과 음악 작품은 회화나 연극 혹은 소설과는 달리, 좀처럼 서술적이거나 재현적이지 않다. 몇몇 흥미로운 예외는 있지만, 건축 작품은 외연적이지 않다. 즉, 서술하거나 말하거나 묘사하거나 그리지 않는다. 건축에 의미가 있다면 그것은 다른 방식으로 의미한다.

한편, 건축 작품은 다른 예술 작품과 규모에 있어서 차이가 난다. 건물, 공원, 도시[3]는 음악 연주나 회화보다 공간과 시간적으로만 큰 게 아니다. 이것은 심지어 우리보다 크다. 우리는 이것을 단일한 시점으로 모두 취할 수 없다. 우리는 전체를 파악하기 위해 그 주변과 안을 돌아다녀야 한다. 게다가 건축 작품은 보통 한 장소에 고정된다. 액자에 다시 넣거나 다시 걸 수 있는 그림과 달리, 그리고 여타 공간에서 감상할 수 있는 콘서트와 달리, 건축 작품은 천천히 변하는 물리적이고 문화적인 환경에 견고히 놓인다.

마지막으로 대개의 여타 예술과 달리 건축 작품은 보통 어떤 행위를 보호하거나 촉진하는 것과 같은 실용적 기능을 갖는다. 이러한 기능은 미학적 기능보다 덜 중요하지도 않고,

---

[3] 이 글에서는 건물, 공원, 도시를 가리키는 범용적 용어로 '건물'을 사용한다.

종종 미학적 기능을 압도하기도 한다. 이 두 기능은 서로를 보완해주는 상호의존적 양상을 띠기도 하지만 노골적으로 대립하기도 하는 등 그 관계의 범위가 넓으며 무척 복합적이다.

    이러한 건축의 특성에서 오는 몇 가지 결과와 질문을 고려하기 전에, 아마도 우리는 건축 예술에서 작품이 무엇인지를 물어야 할 것 같다. 모든 건물이 예술 작품이 되는 건 분명 아니지만, 그 차이를 만드는 것이 그리 중요한 문제는 아니다. "무엇이 예술인가?"라는 질문과 "무엇이 좋은 예술인가?"라는 질문을 혼동해서는 안 된다. 왜냐하면 대부분의 예술 작품은 좋지 않기 때문이다. 예술 작품이 되는 것은 제작자나 혹은 다른 어떤 이들의 의도에 의존하는 게 아니라 그 대상이 어떻게 기능하느냐에 달려 있다. 건물은 어떤 식으로든 나타내고, 의미하고, 지시하고, 상징할 때에만 예술 작품이다. 그러나 그 구분이 그리 명확한 것 같지는 않다. 대부분의 건축 작품이 늘 실용적 목적에 전념하느라 상징적 기능을 모호하게 하는 경향이 있기 때문이다. 게다가 일부 형식주의자들은 순수 예술은 반드시 모든 상징에서 자유로워야 하며, 순전히 그 자체로만 그리고 스스로만 존재하거나 관조돼야 한다고 전파한다. 자체를 벗어나는 어떠한 지시reference도 사실상 공해에 가깝다는 것이다.

    물론 모든 상징적 기능이 미학적이지는 않다. 과학 논문은 풍부한 의미를 담지만 그렇다고 문학 예술 작품은 아니며, 그림 기호는 방향을 알려주지만 그렇다고 회화 예술은 아니다. 건물은 건축 작품이 아니면서도 여러 방식으로 의미할 수 있다. 즉, 건물은 연상association을 통해 성스런 장소나, 공포 정치나, 비리 혐의의 상징이 될 수 있다는 말이다. 우리는 예술 작품을 구별 짓는 상징적 기능의 특성을 규정하지 않아도, 건축 작품이 상징하는 여러 타당한 방식을 고찰할 수 있을 것이다.

2 의미하는 방식

나는 건축가도 아니고, 건축 역사가나 비평가도 아니다. 여기서의 내 작업은 작품을 평가하거나 평가 기준을 제공하려는 게 아니며, 특정한 건축 작품이 무엇을 의미하는지 말하려는 것은 더더욱 아니다. 이 작업은 오히려 그런 작품이 어떻게 의미하는지, 우리가 어떻게 그것의 의미를 판단하는지, 그것이 어떻게 작동하고 그게 왜 중요한지 고찰하는 것이다.

연관된 용어와 지시의 어휘는 방대하다. 건축 관련 에세이의 몇 단락만 보더라도 우리는 건물이 암시하고, 표현하고, 환기하고, 일깨우고, 논평하고, 인용한다는 것을 읽을 수 있다. 그것은 구문론적이고, 문자적이고, 은유적이고, 변증법적이다. 그것은 모호하기도 하고, 심지어는 모순적이다! 이 모두를 포함한 많은 용어는 이러저러한 방식으로 무언가를 지시함으로써 건물이 무엇을 의미하는지 우리가 파악하는 데에 도움을 준다. 여기서 나는 그런 용어 사이의 차별성과 상호관련성을 개괄하고자 한다.[4] 우선 다양한 지시 유형을 '외연denotation', '예시exemplification', '표현expression', '중재된 지시mediated reference'라는 네 가지 명칭 아래 묶어 보자.

외연은 명명, 예측, 기술, 서술, 설명을 포함하며, 또한 묘사와 모든 회화적 재현 역시 포함한다. 어떤 라벨이든, 대상이나 이벤트 등에 상징을 어떤 식으로 적용하든, 실제로 모두 그렇다. '베를린'과 어떤 우편엽서는 둘 다 베를린을 외연한다. '도시'도 마찬가지인데, 이 단어가 다른 장소를 외연해도 그렇다. '단어'는 많은 사물을 외연하며, 그 자체도 포함한다.

건물은 텍스트나 그림이 아니며 보통은 서술하거나 묘사하지 않는다. 그러나 어떤 건축 작품의 경우에는 재현이 뚜렷한 방식으로 발생한다. 모자이크가 실내를 뒤덮은 비잔틴 교회나 온통 조각으로 구성된 로마네스크 파사드가 두드러진

---

[4] 더 자세한 논의로는 다음을 참고하라. Nelson Goodman, "Routes of Reference," *Of Mind and Other Matters* (Cambridge, Mass.: Harvard University Press, 1984), pp.55-71. Catherine Z. Elgin, *With Reference to Reference* (Indianapolis: Hackett Publishing Company, 1983).

[1] 세인트 니콜라스 교회,
 프랑스 시브헤, 12세기

[2] 요른 웃손, 오페라하우스,
 시드니, 1973

[3] 안토니 가우디, 성가정성당,
 바르셀로나, 1882-1930

건축 표기 체계

예다.[1] 아마 우리는 이런 예에서도 건물의 특정 부분이 재현하는 것이지 건물 자체나 전체가 재현하는 것은 아니라고 말하게 될 것이다. 건물 자체가 묘사하는 예라면 땅콩이나 아이스크림이나 핫도그를 재현한 상점을 먼저 떠올릴만하다. 그러나 모든 경우가 그렇게 진부하지는 않다. 요른 웃손Jørn Utzon의 시드니 오페라하우스는, 형태에 대한 기본적인 우려에도 불구하고, 요트를 거의 문자적으로 묘사했다.[2] 매사추세츠 주 글로스터에 있는 알랜드 덜람Arland Dirlam의 제일침례교회First Baptist Church에서 전통적인 뾰족 지붕은 우리가 동쪽에서 접근할 때 요트의 형태로 보이도록 변형되고 강조됐다. 그리고 네이브nave의 골격은 구부러진 목재 보로 만들어졌는데, 근처의 에식스Essex에서 늘 보이던, 건조 중인 고기잡이배의 뼈대를 뒤집어 놓은 이미지다. 또한, 안토니 가우디Antoni Gaudi의 바르셀로나 성가정성당의 독특한 탑은 몇 마일 떨어진 몬세라트Montserrat의 뾰족한 산봉우리를 떠올리면, 놀랄만한 재현으로 여길 법하다.[3]

하지만 건축 작품은 전체적으로든 부분적으로든, 직접적으로든 간접적으로든, 묘사하는 경우가 적기 때문에, 건축은 근대 회화의 추상주의가 야기한 트라우마를 결코 겪을 필요가 없었다. 재현이 관례적이었던 회화에서는 재현의 부재가 종종 박탈감을 남겼고, 무의미함에 대한 신랄한 비난과

반항적 방어 모두를 낳았다. 그러나 재현을 기대하지 않은 곳에서는 다른 종류의 지시에 기꺼이 주목하게 된다. 이것은 회화나 문학에서도 중요하지만 — 실제로 이것은 문학적 텍스트를 비문학적 텍스트와 구별 짓는 주요한 특성이다 — 종종 모호해지기도 하는데, 묘사되거나 서술되거나 말해지는 것에 대한 우리의 큰 관심 때문이다.

  건물이 무언가를 재현하든 안 하든 그것은 어떤 속성을 예시하거나 표현한다. 그러한 지시는 상징에서 출발하지만, 외연처럼 지시가 라벨로 적용하는 데 이르는 게 아니다. 상징에서 출발하는 것은 같지만 방향이 뒤집혀 그러한 지시가 이르는 곳은, 지시에 적용되는 특정 라벨이거나 지시가 소유한 속성이다.[5] 아주 흔한 사례가 견본으로 쓰이는 노란색의 격자무늬 모직 조각이다. 그 견본은 그것이 그리거나 서술하거나 외연하는 무언가를 지시하는 게 아니다. 그것이 지시하는 것은 노란색의, 격자무늬의, 모직의 속성이며, 다시 말해 그것을 외연하는 '노란색', '격자무늬', '모직'이라는 단어다. 그러나 그것은 그 모든 속성이나 거기에 적용되는 모든 라벨을

---

[5] 나는 속성이나 라벨에 대해 구별하지 않고 예시된 것으로 이야기하겠다. 이 문제에 관한 논의로는 다음을 참고하라. Nelson Goodman, *Languages of Art,* 2nd ed. (Indianapolis: Hackett Publishing Company, 1976), pp.54-57.

—예를 들어 크기나 형태를— 예시하는 게 아니다. '견본과 똑같은' 드레스 재료를 주문한 여인이 지그재그 테두리의 2인치짜리 정사각형 조각을 원한 것은 아니라는 말이다.

예시는 건축 작품의 주요한 의미 방식 중 하나다. 형식주의 건축에서 이것은 다른 모든 방식에 우선한다. 윌리엄 조디에 따르면, 네덜란드 건축가 게리트 레트벨트Gerrit Rietveld는 "건물의 '구성construction'을 보이려고 건축을 주요 선형 요소(기둥, 보, 그리고 개구부를 틀 짓는 요소)와 면(벽의 증분)으로 파편화했다."[6] 즉, 건물은 그 구조의 특성을 효과적으로 지시하기 위해 디자인된다.[4] 기둥과 보와 틀과 벽으로 구성된 여타의 건물에서 구조는 결코 그렇게 예시되지 않으며 오직 실용적 기능만을, 그리고 어쩌면 일부 다른 상징적 기능도 수행한다. 그러나 구조에 대한 예시는 여타의 의미 방식을 동반할 수 있는데, 거기에 우선하든 종속되든 한다. 예를 들면, 구조를 지시하는 것은 교회당의 최우선의 상징적 기능은 아니지만 두드러진 보조 역할을 할 수 있다. 크리스티안 노르베르그 슐츠Christian Norberg-Schulz는 밤베르크 근교의 피어첸하일리겐 순례교회에 대해 다음과 같이 말한다.[5, 6]

---

6   William H. Jordy, "Aedicular Modern: The Architecture of Michael Graves," *New Criterion 2* (Oct. 1983), p.46.

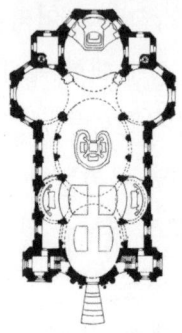

[4] 헤리트 리트벨트,
슈뢰더 주택 모형, 위트레흐트, 1924

[5] 발타사르 노이만, 피어첸하일리겐
순례교회, 밤베르크, 1743-1772

[6] 피어첸하일리겐 순례교회, 1층 평면

분석컨대 두 가지 체계가 배치에 결합돼 있다. 하나는 양축의 유기체biaxial organism이고 … 또 하나는 관례적 라틴십자Latin cross다. 양축 배치의 중심이 교차부crossing와 일치하지 않기 때문에, 매우 강력한 당김음syncopation을 유발한다. 전통적 예배당의 중심이었던 교차부 위로 보울트vault가 인접한 네 개의 발다키노baldachins에 의해 조금씩 침식된다. 바닥 평면이 규정하는 공간은 그로 인해 보울트가 규정하는 공간에 비례하여 뒤바뀌며, 결과로서 유발된 당김음적 상호관입은 건축사상 유례없이 친밀한 공간적 통합을 암시한다. 이러한 핵심 공간의 체계는 역동적이면서도 모호한데, 전통적 바실리카 아일aisles의 부차적 외곽 영역에 의해 둘러싸인다.[7]

이 교회의 형태에 대해서는 —1층 평면을 매우 복잡한 다각형으로 보는 등— 이밖의 다른 여러 대안적 방법으로도 적절히 설명할 수 있을지 모른다. 그러나 기다란 직사각형과 교차선의 익숙함으로 인해, 또한 바실리카와 십자형 교회의 긴 역사로 인해, 여기 나타나고 예시되는 것은 이런 단순한

---

7   Christian Norberg-Schulz, *Meaning in Western Architecture* (New York: Praeger, 1975), p.311.

형태의 파생물로서의 구조다. 마찬가지로 보울트도 파동 치는
단일한 셸shell로서가 아니라 다른 부분들에 의해 방해받는
부드러운 형태로서 이야기한다. 앞에 언급한 당김음과 역동성은
건물이 그저 소유하기만 하는 형태적 속성이 아닌 그것이
예시하는 속성의 상호관계에 의존한다.

　　건물이 지시하는 모든 속성(혹은 라벨)이 문자적으로
소유하는(혹은 거기에 문자적으로 적용되는) 속성 가운데 있는 것은
아니다. 피어첸하일리겐 순례교회 예배당의 보울트는
문자적으로 침식되지 않는다. 그 공간이 실제로 움직이는 게
아니며, 그 조직이 역동적인 것은 문자적으로가 아니라
은유적으로 그렇다. 다시 말해, 비록 건물이 문자적으로
관악기를 불거나 드럼을 치지 않을지라도 '재즈' 같다는 설명이
어울리는 건물도 있다. 건물은 그것이 느끼지 않는 느낌을,
생각하거나 말할 수 없는 개념을, 실행할 수 없는 활동을 표현할
수도 있다. 그런 경우 건물에 어떤 속성을 부여하는 것이
은유적이라는 점은 그것의 문자적 오류에 해당되지 않는다.
왜냐하면 문자적 진실이 문자적 오류와 구별되는 것만큼이나
은유적 진실이 은유적 오류와 구별되기 때문이다. 하늘로
솟으며 노래하는 고딕 성당은 그만큼 아래로 축 처지며
불평하지 않는다. 비록 두 서술 모두 문자적으로는 오류지만,
후자가 아닌 전자가 은유적으로 진실하다.

건물이 문자적이든 은유적이든 어떤 속성을 지시하는 것이 예시다. 그러나 은유적 속성에 대한 예시는 우리가 더 일상적으로 부르는 말인 '표현'이 있다. 이를 구분하기 위해 나는 보통 '문자적 예시'를 짧게 '예시'라 부르며, 은유적인 경우 '표현'이라는 말을 쓴다. 비록 많은 글에서 두 가지를 모두 '표현'으로 쓰고 있지만 말이다. 예를 들어 우리는 건물이 기능을 '표현하는 것'을 읽는다. 그러나 공장은 제조라는 기능이 있기 때문에, 그 기능을 예시하는 것은 문자적 속성에 해당한다. 말하자면 공장이 마케팅의 기능을 예시하려 할 때에, 내 어법에 따르면 공장은 기능을 표현하는 것이다. 그러나 예시와 표현을 구분하는 것은, 문자적 예시를 갖가지 중요한 지시로 인식하는 것보다 덜 중대하다. 특히 건축에서 그렇다. 무언가를 묘사하지도 않고 어떤 느낌이나 개념을 표현하지도 않는 순전히 형식적인 건물은 종종 상징으로 전혀 기능하지 않는다고 간주된다. 그러나 사실상 그것도 자기 속성의 일부를 예시하는데, 그럼으로써 결코 예술 작품이 아닌 건물로부터 스스로를 구별 짓는다.

　나는 예시의 역할을 강조한다. 왜냐하면 순수 추상 회화나 순전히 형식적인 건축 작품의 최고 미덕이 아무것도 지시하지 않는 거라고 주장하는 평자들이 이를 종종 간과하거나 부인하기 때문이다. 하지만 그런 작품은 타성적이고 의미가 빠진 오브제가 아니며, 오직 자기만을 지시하는 것도 아니다. 그것은 천 조각처럼 다른 것이 아닌 스스로의 속성 중 일부를 선택하고, 가리키고, 지시한다. 그리고 이런 예시된 속성의 대부분은, 그 작품이 연상시키고 간접적으로 지시하는 다른 사물의 속성이기도 하다.

건축 작품도 물론 어떤 속성을 문자적으로 예시하거나 표현한다. 피렌체 외곽의 산 미니아토 알 몬테에 대해 루돌프 아른하임은 다음과 같이 적은 바 있다. "그것은 땅에 의존하는 자족적 오브제로서의 특성을 표현한다. 그러나 그것은 또한 외적 힘의 간섭에 대항해 자기중심적 총체성을 유지하고자 하는 인간 정신의 투쟁을 상징하기도 한다."[8] 나의 어휘로 말하자면, 그 파사드는 일차적 (문자적) 속성을 예시하고, 이차적 (은유적) 속성을 표현한다.

---

8 Rudolph Arnheim, "The Symbolism of Centric and Linear Composition," *Perspecta* 20 (1983), p.142.

3   세분화

재현, 예시, 그리고 표현은 상징화의 기본 유형이다. 그러나 건물이 난해하고 복잡한 개념을 지시하는 것은 때로 훨씬 우회적인 길을 따라 달리고, 일련의 동질적이거나 이질적인 기본 지시 관계를 따라 달리는 것이다. 예를 들어 만약 어떤 교회가 요트를 재현하고, 요트는 땅으로부터의 자유를 예시하며, 땅으로부터의 자유는 결국 정신성을 예시한다면, 그러면 그 교회는 일련의 세 가지 관계를 통해 정신성을 지시하는 것이다. 마이클 그레이브스Michael Graves의 건물이 이집트 혹은 그리스 건축이 묘사하거나 예시하는, 쐐기돌 형태나 다른 형태를 예시할지도 모른다. 그리고 이로써 간접적으로 그런 건물을 지시하며, 결국 그것이 예시하고 표현하는 속성을 지시한다.[9] 그런 간접적 혹은 중재적 지시는 종종 '암시allusion'라 명명된다. 뉴욕파이브 건축가들이 "고대와 르네상스 고전주의를 암시한다"거나 "르 코르뷔지에Le Corbusier가 건물에 도입한 콜라주 암시의 위트에 이끌렸다"고 서술할 때처럼 말이다.[10] 그리고 로버트 벤투리Robert Venturi가 건축의

---

9   비록 일반적 연쇄의 관계가 무방향성이지만, 지시 관계에 있는 요소는 다른 요소를 지시할 뿐, 다른 것에 의해 지시되지 않는다. 그러나 한 요소가 다른 것을 예시할 때, 지시는 양방향으로 작동한다. 왜냐하면 예시되는 요소가 그것을 예시하는 것을 외연하기 때문이다.

"대립성"에 대해 쓸 때, 그는 건물이 실제로 자기모순적 명제를 주장할 수 있다고 생각한 게 아니라, 병치될 때 생성되는 형태들의 건물이 예시하는 바를 이야기한 것이다. 왜냐하면 그 형태들은, 상호 위배되는 기대들에 따라, 대조적인 건축 유형(예를 들어 고전과 바로크)에 각각 예시되기 때문이다.[11] 이처럼 '대립성'은 간접적 지시로부터 발생한다.

지시 관계를 구성하는 모든 연쇄과정이 한쪽 끝에서 다른 끝으로만 지시하는 것은 아니다. '장미의 이름'이라는 이름은 장미의 이름이 아니다. 그리고 '바르셀로나에 있는 가우디의 유명한 성당'은 어떤 건물을 지시하는 것이지, 그 건물이 지시하는 산을 지시하는 것이 아니다. 한편, 하나의 연쇄과정을 통해 지시하는 상징은 동일한 사물을 직접 지시할 수도 있다. 그리고 때로 주어진 연쇄과정을 통한 지시가 일상이 되면, 그 순환이 짧아진다. 예를 들어, 한 건물이 스스로에게 부재한 고전적 비례를 예시하는 그리스 신전을 암시한다면, 그것은 그런 비례를 직접 표현할 수도 있다. 게다가 연쇄과정을 거쳐 작품이 지시하는 것은 좀처럼 독특하지 않다. 건물은 몇 가지

---

10   Jordy, "Aedicular Modern," p.45.

11   Robert Venturi, *Complexity and Contradiction in Architecture* (Garden City, N.Y.: Doubleday, 1966).

경로를 따라 동일한 지시 대상에 상징적으로 이른다. 독자는 자기만의 사례를 찾을 수 있을 것이다.

한 건물이 취할지 모르는 여타의 관계가 예를 들어 그 건물의 결과와 원인이 종종 지시와 혼동되기도 한다. 건축 작품이 의미하는 바는 그것이 고취하는 생각이나 불러일으키는 느낌과 동일시될 수 없다. 마찬가지로 그것의 존재나 디자인에 책임이 있는 환경과도 동일시될 수 없다. 비록 '환기evocation'가 종종 '암시'나 '표현'과 거의 맞바꿀 만큼 대신 쓰이기도 하지만, 그것은 구별돼야 한다. 왜냐하면 일부 작품이 그것이 환기하는 느낌을 암시하거나 표현한다 할지라도, 모두가 그런 것은 아니기 때문이다. 옛날의 건물이 그것이 환기하는 향수를 항상 표현하는 것도 아니고, 뉴잉글랜드 도시의 마천루가 그것이 야기할지도 모르는 분노를 (아무리 널리 퍼져 오래 지속된다 하더라도) 항상 지시하는 것도 아니다. 마찬가지로, 암시 및 모든 여타의 지시는 인과관계causation와 구별돼야 한다. 설령 어떤 경우에 "한 시대가 기념비에 새겨져 건축이 중립적이지 않고, 그것이 정치적, 사회적, 경제적, 문화적 '결말'을 표현한다고"[12] 하더라도 여전히 건축 작품이, 경제적이든 사회적이든

---

12 프랑수아 미테랑(François Mitterand)의 말. Julia Trilling, "Architecture as Politics," *Atlantic Monthly* (October 1983), p.35에서 인용함.

건물이 의미하는 방식

심리학적이든, 그것을 구성하거나 그 디자인에 영향을 미치는 요인과 개념을 항상 지시하는 것은 아니다.

심지어 건물이 무언가를 의미할 때에도, 그것은 그 건축과 아무런 관계가 없을 수도 있다. 어떤 디자인의 건물이든 그것의 원인과 결과를, 그 건물이나 대지에 발생했던 역사적 사건을, 또는 거기 지정된 용도를 나타내게 된다. 어느 도축장이든 도축을 상징하며, 어느 무덤이든 죽음을 상징한다. 그리고 자치주의 값비싼 법원 청사는 화려함을 상징한다. 이런 방식으로 의미하는 것이 곧장 건축 작품으로 기능하는 것은 아니다.

4   건축적 판단

건축 작품이 어떻게 의미하고 의미하지 않는지에 대해서는 이쯤 해두자. 그러나 실제로 작품은 언제 그렇게 의미하는가? 건축에 관한 일부의 글은 산문이 철강과 돌과 시멘트만큼이나 건축에서 중요한 구성 요소라는 듯한 인상을 준다. 어떤 작품은 누군가가 그게 의미한다고 말하는 무엇이든 꼭 그것을 의미하는가? 혹은 그게 어떻게 의미하고 무엇을 의미하는지에 관한 옳고 그름의 차이가 있는가?

어떤 관점에서는 정확한 해석이 하나뿐이다. 다른 선택의 여지가 없으며, 올바름은 예술가의 의도와 일치함으로써 확인된다. 예술가의 의도를 실현하지 못한 작품이나 그걸 과하게 넘어선 작품을 받아들이기 위해서는 과감한 수정이 필요하다. 지옥으로 가는 길은 실현되지 못한 의도로 포장돼 있는 반면, 위대한 작품은 보통 의도하지 않았던 실현으로 가득 차 있다. 더욱이 우리는, 예술가나 그의 의도에 대해 실상 아무것도 알려지지 않은 선사시대 작품을 해석할 때, 완전히 어쩔 줄 몰라 하는 것도 아니다. 이 관점에서 내가 발견하게 되는 주요한 오류는 올바름을 확인하기 위한 특정한 검사에 있는 게 아니라 그것의 절대주의에 있다. 예술 작품은 보통 다양하고 대조적이며 변하는 방식으로 의미한다. 그리고 우열 없이 좋고 깨우침을 주는 많은 해석에 열려 있다.

그런 절대주의의 반대편 극단에는 과격한 상대주의가 있다. 여기서는 어떤 해석이든 다른 해석만큼이나 옳거나 그르다고 여긴다. 다른 게 괜찮으면 모든 게 괜찮다. 모든 해석은 작품과 관계없으며, 비평가의 기능은 해석을 벗겨내는 것이다. 작품은 무엇이든 의미한다고 이야기되는 것은 다 의미한다. 거꾸로 말해, 그것은 결코 어떤 것도 의미하지 않는다. 해석의 옳고 그름의 차이가 인식되지 않는 것이다. 그러고 보니 이 관점은 분명 과도한 단순화를 수반하고 있다. 다른 어떤 예술보다도 건축은, 해석이 작품과 그렇게 쉽게 구별될 수 없음을 우리에게 일깨워준다. 회화는 단번에 제시될 수 있다. 비록 우리의 지각이 그것을 정밀 조사한 결과를 종합해야 하지만 말이다. 그러나 건물은 시각적이고 동적인 경험의 이질적 조합이 더해져야만 한다. 다른 거리와 각도에서 볼 때 장면이 달리 느껴지는 경험, 실내를 거닌 후 얻는 경험, 계단을 오르고 목에 긴장을 준 데서 오는 경험, 사진, 축소 모형, 스케치, 도면에서 오는 경험, 실제 사용에서 얻은 경험이 그렇다. 작품의 구성은 자체로서 해석과 같은데, 건물에 관한 우리의 생각에 영향을 받으며 그 건물 전체 및 부분이 무엇을 의미하고 앞으로 무엇을 의미하게 될지에도 영향을 받는다. 동일한 제단이 중심점일 수도 있고, 부수적 일탈일 수도 있다. 그러나 모스크는 무슬림과 기독교인과 무신론자에게 동일한 구조일 리 없다. 모든 추론(즉 모든 해석과 구성)을 벗겨내거나 마구 쏟아내는 것은 작품에서 모든 외피를 씻어버리는 게 아니라 그 작품을 무너뜨리는 것이다.[13]

단호한 해체주의자 deconstructionist는 여기에 움찔하지 않는다. 그는 추론되지 않은 작품을 믿을 수 없는 것 will-o-the-wisps으로 일축하며, 해석을 무엇에 관한 것이 아닌 스토리텔링에 불과한 것으로 여긴다. 따라서 그는 작품에 대한 진부한 개념으로부터,

---

13 Goodman, *Of Mind and Other Matters*, pp.33-36.

그리고 어지럽고 희망 없이 유일한 해석을 찾는 것으로부터
해방된다. 의기양양한 자유는 억압적 의무를 대체한다. 그러나
자유는 불합리라는 값을 주고 산 것이다. 무엇을 말하든 작품에
대한 바른 해석으로 간주된다.

　이와 같이 절대주의자의 견해(작품은 건축가가 의도한 것이고 그것을
의미한다)와 극단적 상대주의자의 견해(작품은 누군가가 말하게 된 것이고
그게 무엇이든 그것을 의미한다) 모두에는 심각한 단점이 있다. 건설적
상대주의라 불릴만한 세 번째 견해는 해체deconstruction를
재구성reconstruction의 서곡으로 간주한다. 이 견해는 작품에 대한
많은 추론 가운데 일부만이 —심지어 서로 모순되는 일부라도—
옳고 나머지는 그르다는 것을 인식해야 한다고 주장한다.
따라서 무엇이 차이를 이루는지 반드시 고려해야 한다.

　이 질문은 만만치 않다. 어떤 작품은 다양한 견지에 따라
옳을 수도 있고 그를 수도 있기 때문이다. 그리고 올바름은
구술에만 타당한 진리를 훨씬 넘어서기 때문이다. 이 질문에
대해 최종적인 완벽한 답을 제시하기란 불가능하다. 올바름을
확인하기 위해 준비된 결정적인 검사를(모든 지식에 대한 열쇠를)
찾는 것은 아주 어리석을 뿐만 아니라, 딱 들어맞는 만족스런
정의조차도 좀처럼 기대하기 힘들다. 어떤 작품이 옳고
그른가에 대해 특정한 결정을 내리는 것은, 어떤 진술이 특정
학문에서 진리인지를 결정하는 것이나 무엇이 인생에서

[7] 샤를 가르니에,
파리 오페라 거리, 1861-1874

사실인지를 결정하는 것과는 달리, 더 이상 철학자의 책임이 아니다. 가장 밀접하게 관계된 이들이 자신들만의 절차와 감수성을 적용하고 끊임없이 발전시켜야 한다. 철학자는 모든 분야의 전문가는 아니며, 실은 어느 분야의 전문가도 아니다. 철학가의 역할은 특정한 판단 및 거기 근거해 제안된 일반 원칙을 연구하는 것이며, 특정 판단과 일반 원칙 사이의 긴장을 어떻게 ―때로 원칙을 수정하고 때로 판단을 바꾸며― 해소할 수 있을지 연구하는 것이다. 내가 여기서 제시할 수 있는 것은 올바름의 본질에 대한 성찰, 그리고 어떤 유형이 옳거나 다른 것보다 옳은 것에 더 가까운지 가설적으로 결정하는 데 영향을 주는 요인에 대한 성찰이다.[14]

건축 작품으로서 건물의 올바름에 대한 (건물이 예술 작품으로서 얼마나 제대로 작동하는지에 대한) 판단은 종종 일종의 적합성fit과 ―부분들이 함께 들어맞고 전체가 맥락이나 배경에 어울림에― 관련이 있다. 그런 적합성을 구성하는 것은 고정된 게 아니라 변하는 것이다. 건축의 '대립성'에 설명됐듯, 적합성의 기준이 급변하는 것은 천천히 약화되는 개념과 기대로부터 시작하지만 그런 개념과 기대에 반한다. 습관으로 마련된 확고함은

---

14 이에 대해서는 다음 책 7장에서 더 깊이 논의됐다. Goodman, *Ways of Worldmaking* (Indianapolis: Hackett Publishing Company, 1978).

올바름을 결정하는 데 핵심적으로 연관되며, 실제로 혁신을 가능하게 하는 바탕이다. 벤투리의 말로는, "규범이 먼저 존재해야 이를 어길 수 있다."[15]

적합성과 관련해 올바름의 판단에 대한 사례로 샤를 가르니에Charles Garnier의 파리 오페라에 관한 줄리아 트릴링 Julia Trilling의 논의를 보자.[7]

> 심지어 오스만Georges-Eugène Haussmann도 항상 비례를 바르게 한 것은 아니다. 가르니에의 오페라하우스는 그 자체로 충분히 기념비적이지만, 오페라 거리Avenue de l'Opéra를 완성시키는 데는 제 역할을 하지 않는다. 그것은 대지에 비해 너무 폭이 넓은 까닭에, 그 거리의 건물들이 이루는 틀의 양쪽으로 넘어가버린다. 바스티유 광장의 경우 신축 오페라하우스에 적합한 대지는 옛 철길 앞뜰에 선정된 곳보다 오히려 그 옆의, 오스만의 리샤르 르누아 대로 Boulevard Richard-Lenoir를 완성시키는 운하를 면한 곳이다.[16]

---

15   Venturi, *Complexity and Contradiction in Architecture*, p.46.

16   Trilling, "Architecture as Politics," pp.33-34.

여기 논의되는 것은 물리적 적합성이 아니다. 막힌 접근로나 빛에 대한, 혹은 공용 도로의 침범에 대한 불평은 없다. 논지는 서로에게 예시된 형태에 관한 적합성과 전체적으로 예시된 형태로의 적합성이다. 이처럼 이것은 여러 방식으로 ─ 이 경우는 주로 예시에 의해 ─ 부분과 전체가 무엇을 나타내는가에 달려 있다. 다른 경우에 적합성은 표현되거나 외연되거나 복잡한 연쇄과정을 거쳐 지시되는 것에 의존한다. 그렇다고 모든 올바름이 적합성의 문제라고 주장하는 것은 아니다.

간략히 요약하자면, 나는 건물이 의미하는 방식을 제시하고자 했고, 그 의미가 건물이 예술 작품으로 효과적으로 기능하는지 판단하는 데 영향을 미치는 요인과 어떻게 연관되는지 보이고자 했다. 나는 특정 건물이 무엇을 어떻게 의미하는지 결정하는 방식을 말하려는 것은 아니다. 왜냐하면 어떤 텍스트가 무엇을 의미하고 어떤 드로잉이 무엇을 묘사하는지 결정하는 것이라면 모를까, 이에 대한 일반 규칙이 더 이상 존재하지 않기 때문이다. 그러나 나는 그런 종류의 의미와 관련된 사례를 보이려 노력했다. 질문을 더 심화시켜, 건물이 어떻게 그리고 언제 의미하는지가 왜 중요한가에 관해 잠깐 보자. 나는 건축 작품이든 어떤 예술이든, 우리가 일반적으로 보고, 느끼고, 지각하고, 고안하고, 이해하는 방식에 작품이 관여하는 만큼 그것이 작품으로서 작동한다고 생각한다. 회화 전시회에 가는 것은 우리의 시각을 변화시킬지 모르나, 나는 작품의 우수성이 쾌락의 문제라기보다 깨우침의 문제라고 주장한 바 있다. 다른 어떤 작품보다도 건물은 우리 환경을 물리적으로 변화시킨다. 그러나 그 못지않게 건물은 예술 작품으로서 여러 의미의 통로를 통해 우리의 전체 경험에 영향을 미치고 전체 경험을 재조직한다. 다른 예술 작품처럼 ─그리고 또한 과학이론처럼─ 건물은 새로운 통찰력을 주고, 이해를 높이며, 우리가 끝없이 세계를 재창조하는 데 참여한다.

지은이 넬슨 굿맨(Nelson Goodman)
20세기 미국의 분석철학자. 하버드대학교에서 학사와 박사학위를 취득했다. 1968년에서 1977년까지 모교에서 철학과 교수를 지냈으며, 1929년에서 1941년까지 보스턴의 워커 굿맨 아트갤러리의 관장을 역임했다. 굿맨의 철학적 관심은 인식론, 형이상학, 과학철학, 언어철학, 미학에 이르기까지 넓다. 인식론적이고 기호이론적인 접근을 통해 예술에서 사용되는 상징 언어의 특징을 분석한 『예술의 언어들(Languages of Art)』(1968)은 이후 전개된 영미권 분석철학 중심 미학의 토대가 되었다. 『세계제작의 방법(Ways of Worldmaking)』(1978) 등 다수의 저작이 현재까지 널리 읽힌다.

옮긴이 김현섭
고려대학교 건축학과 교수. 영국 셰필드대학교에서 서양 근대 건축을 공부했으며 모교로 돌아와 건축 역사, 이론, 비평의 교육과 연구에 매진하고 있다. 근래에는 한국 현대 건축에 대한 비판적 역사 서술에 관심을 모으고 있다. 최근 저술로는 『건축 수업 : 서양 근대 건축사』(공저, 2016), 「DDP Controversy and the Dilemma of H-Sang Seung's "Landscript"」(2017), 「The Hanok Paradox」(2018) 등이 있으며 조나단 헤일의 『건축을 사유하다 : 건축이론 입문』(2019)을 우리말로 옮겼다.

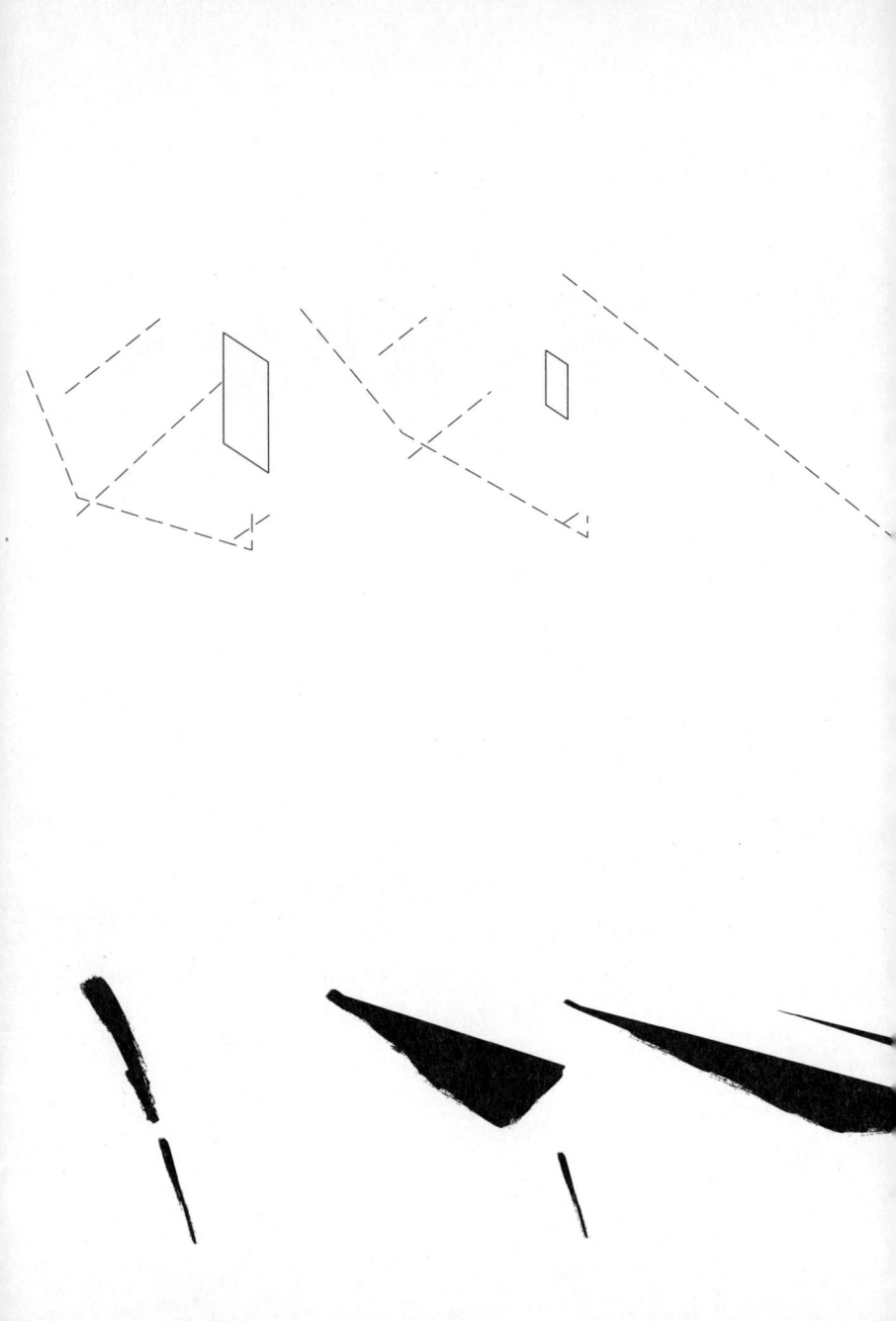

건축적 투사

로빈 에반스

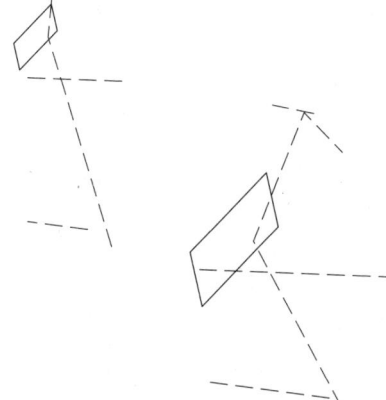

소개하는 글

「건축적 투사」로빈 에반스
— 정만영 —

소개하는 글

건축 이론에 깊은 여운을 남기고 요절한 로빈 에반스Robin Evans는 무엇보다 독특한 관점이 돋보이는 건축 이론가다. 대부분의 연구자들이 중시하는 관심사보다는 구석진 곳을 탐사했고, 더 나아가 모두 당연한 듯이 생각하는 것을 전혀 다른 시각에서 읽어냈다. 이렇게 '다른' 감각으로 인해 에반스의 글은 느슨하고 상식적인 방식으로 접근하기 어렵다. 그래서인지 예민한 감수성을 지닌 소수에게 강한 영향을 미쳤음에도 널리 알려지지는 않았다. 그는 에식스에서 성장했고, 런던의 AA스쿨에서 디플롬을, 1975년에는 에식스대학교에서 조셉 리쿼트Joseph Rykwert의 지도로 박사학위를 받았다. 1986년부터 미국의 하버드대학교과 런던의 웨스트민스터대학교를 오가며 가르쳤고, 런던대학교 바틀렛건축대학원 건축사 교수직을 제안 받은 즈음에, 한마디로 경력의 절정을 앞둔 시점에 갑자기 사망했다. 3권의 저서를 남겼다. ¶ 첫 저서 『미덕의 제작: 영국의 감옥 건축 1750-1840The Fabrication of Virtue: English Prison Architecture, 1750-1840』(1982)은 박사학위 논문을 증보한 것이다. 이 책은 감옥이 체계화되기 시작한 18, 19세기에 감옥을 혁신하여 교정 능력을 배양하려는 공리적 관점과 아카데미의 신고전주의 건축이 결탁하는 과정을 탐사한다. 그 결과 사회적 질서의 상징이었던 건축이 질서를 유지하는 하나의 도구로 변질되는 과정이 드러난다. 감옥이라는 주제는 미셸 푸코Michel Foucault의 『감시와 처벌: 감옥의 탄생 Surveiller et punir : Naissance de la prison』(1975)을 쉽게 연상시키며, 실제 에반스의 이론적 관점도 푸코와 긴밀하게 엮여 있다. 이미 체계화된 이론보다는 주목받지 못하고 문서고에 쌓여 있는 자료를 대상으로 한 고고학적 탐사가 그의 저작들을 관통한다. ¶ 두 번째 저서인 『투사의 자취: 건축과 건축에 사용된 세 가지 기하학The Projective Cast: Architecture and Its Three Geometries』(1995)은 사망 직전에 원고를 완성한 유고작으로, 건축에서 기하학이 작동하는 방식을 심도 있게 전개한 대표작이다. 건축과 기하학은 다른 영역이지만, 건축에서 기하학은 마치 물리학에서 수학이나, 단어에서 문자처럼, 건축을 형성하는 긴밀한 부분으로서, 분리해서 떼어낼 수 없다. 에반스는 건축에서 기하학의 역할이 충분히 해명되지 않았다고 생각한다. 건축에서 기하학은 건물이나 건물에 대한 드로잉에 구속된 것이 아니라, '사이' 어딘가에서, 즉 사고와 상상력 사이, 상상력과 드로잉 사이, 드로잉과 건물 사이, 건물과 우리 눈 사이에서 작동한다. 이 작동방식을 에반스는 "투사"라는 개념으로 포획한다. 건축 형태를 상상하고 실현하는 과정에서 서로 다른 것 '사이'의 간극과 불일치로 인해, 투사는 가변적이고 불안정한 방식으로 작동한다는 점에 초점을 맞추고 있다. ¶ 세 번째 저서인 『드로잉에서 건물로의 번역과 다른 에세이Translations from Drawing to Building and Other Essays』(1997)은 1970년부터 20년간 『AA파일스AA Files』, 『AAQ』, 『아키텍추럴 리뷰Architectural Review』, 『카사벨라Casabella』, 『로터스Lotus』, 『9H』 등 당시 건축 이론에서 영향력이 컸던 다양한 저널들에 발표된 에반스의 글모음이다. 건축 역사와 이론과 연관된 다양한 주제들을 다루고 있지만, 대부분 친숙하지 않은 자료를 담론화한 경우가 많으며, 이를 바라보는 관점도 평이하거나 상식적인 수준이 아니어서, 주의 깊은 독해를 요구한다. 드로잉에서 건물로 번역되는 과정이 직접적이고 한 방향으로 진행되는 것이 아니라 많은 요인이 상호가역적으로 개입한다는 그의 일관된 관점이 책 제목에 암시되어 있다. ¶ 여기 번역된 「건축적 투사 Architectural Projection」는 이브 블라우Eve Blau와 에드워드 카우프만Edward Kaufman이 대표 편집한 『건축과 그 이미지: 400년 동안의 건축적 재현 Architecture and Its Image: Four Centuries of Architectural Representation』(1989)에 실린 글이다. 이 책은 필리스 램버트Phyllis Lambert가 1979년 창설한 건축연구소 캐나다건축센터(CCA로 약칭)에서 발간한 것으로, CCA 아카이브가 소장한 르네상스 시대부터 20세기 후반까지의 방대한 재현 자료들을 분류, 정리한 2부와, 이 자료를 저자들 특유의 관점으로 조명한 1부의 6개 에세이로 구성되어 있다. 에세이의 주제는 투사도(로빈 에반스), 19세기 도시 탐사 사진(이브 블라우), 18세기 중반에서 19세기까지 영국 건축 '탐험가'들의 여행기(에드워드 카우프만), 축제와 극장 건축(윌리엄 매클렁William Alexander McClung), 건축 출판, 현상공모와 전시회(헬렌 립스타트Helene Lipstadt), 컴퓨터 그래픽(로버트 브렉만Robert Bruegmann)으로 다양하다. ¶ 에반스의 글은 르네상스 이후의 건축 드로잉을 지루하다 싶을 정도로 꼼꼼하게 따져 묻는다. 지루한 이유는 별로 주목해본 적이 없는 자료를, 너무 뻔해서 설명하지 않던 내용을 아주 상세히 서술하기 때문이다. 여기서 투사는 "일정한 방식으로 정렬된 가상의 직선들이 드로잉을 관통해서 드로잉이 재현하는 사물의 해당하는 부분까지 잇는 것"으로, 대표 결과물은 투시도와 직각투사도이다. 필립포 브루넬레스키Filippo Brunelleschi가 창안한 이래 투시도는 "서구인의 눈을 획기적으로 열어준" 재현 수단으로 칭송되었지만, 건축가들이 매일 작업하는 평면도, 입면도, 단면도 같은 직각투사도는 기술적 문제에 국한되거나 한정된 시각으로 낮게 평가되었다. 에반스는 일반적 관행과 달리 "사물 바라보기"에 더 적합한 투시도가 아니라 "사물 만들기에 더 적합"한 직각투사도를 중심으로 논의를 전개한다. ¶ 그에 따르면 직각투사도가 ① 투시도에 종속된 예비 작업이며, ② 상상력과 무관하거나, 방해된다는 것은 편견에 불과하다. 직각투사도가 수행 과업에 딱 들어맞기보다는 수행 과업이 직각투사도에 적응한 결과라는 그의 논점은, 직각투사도가 건축에 결정적 영향을 미치는 시각의 관습이었고, 고전 건축의 근본 조직과 동맹관계였다는 주장으로 확장된다. 고전 건축에서 직사각체, 평면성, 축성, 대칭성, 정면성 같은 속성들이 강조된 것도 그 때문이다. ¶ 하지만 건축가는 직각투사도를 순수하고 안정된 방식으로 사용하는 것이 아니라 도법에 위배되는 혼합물로 변형시키기도 한다. 자크 앙드루에 뒤 세르소Jacques Androuet Du Cerceau의 드로잉 선집에서, ① 직각투사 입면임에도 돌출과 후퇴를 보여주느라 측면과 밑면이 보이도록 한 것, ② 투시도에서 발전된 그림자 효과를 이를 제거했던 직각투사도에 덧붙인 것, ③ aBa 리듬을 갖는 규범적 3분 구조가 AbA 리듬의 2분 구조로 변형된 것은, 직각투사도를 사용하면서 동시에 이를 위반하는 사례로 제시된다. 이는 "고전 구성의 규범들이 건축 도면의 관습에 의해 지지되었을지 몰라도, 건축가가 그 동맹에 전적으로 동의한 것은 아님"을 보여준다. 에반스는 이 미세한 간극을 예리하게 파고든다. 그는 손윗 베르트랑Ainé F. Bertrand의 〈터스칸 주두의 그림자〉(1817)를 통해서 고전 건축이 "—고전주의라는 전체 구조가 의지하고 있다고 추정되는 원리들과 철저하게 모순되는— 상반된 관념에서 자신의 가장 절묘한 특성을 도출한 건축이라는 점"을 추론해낸다. 이때 도법은 자유를 얻기 위한 촉진제이며, 또 그 자유는 아주 독창적이고 미묘한 것이어서 오직 도법이라는 매개체에서만 파악된다는 해명은, 에반스가 자신의 논리를 전개하는 전형적 방식이기도 하다. ¶ 19세기 건축에서 다소 기계적인 가스파르 몽주Gaspard Monge의 도학을 받아들인 것이 건축의 합리화와 밀접하게 연관된 현상이며, 드로잉이 과학의 엄밀한 논리에 종속된 것 자체가 근대적 질병의 징후라는 주장이 광범위하게 제기되어 왔다. 대표적인 주창자들은 달리보 베즐리Dalibor Vesely나 알프레도 페레즈 고메즈Alberto Pérez-Gómez처럼 현상학에 근간을 둔 건축 이론가들이었다. 로빈 에반스는 이들이 주장하는 큰 흐름을 수용하면서도, 사소해 보이는 작은 어긋남을 집요하게 파고든다. 예를 들어, 도학을 적용한 드로잉이 여전히 도학을 위반하는 자유의 여지를 남기고 있다거나, 그림자 표현이 서로 반대되는 과학적, 직관적 표현 모두에 결부되어 있다는 점을 세밀하게 논구한다. 이렇게 어려움을 감수하면서 남들이 주목하지 않는 미세한 어긋남에 집중하는 태도는, "찾고자 하는 것을 뻔히 예상되는 곳이 아니라 거의 기대할 수 없는 곳에

소개하는 글

서 찾아내는 것"이 더 인상적이라고 주장하면서, 굳이 바로크와 로코코 시대 콰드라투라Quadratura 디자인에서 직교 질서의 증거를 찾는 대목에서도 확인할 수 있다. ¶ 에반스는 글의 말미에서, 20세기 근대 회화가 투시도의 아성을 무너트리기 위해 격렬하게 투쟁한 것과 달리 근대 건축은 별 저항 없이 건축 드로잉의 관습인 직각투사도를 수용했고, 현재까지 이어졌다고 지적한다. 변한 것은 스케치와 엑소노메트릭 투사도가 중시되는 정도이다. 스케치가 강조된 이유는 스케치가 지시보다 암시에 더 가깝기 때문이다. 반면 엑소노메트릭은 모든 형식의 투사도 중에서 스스로의 기하학적 정의에 가장 강력하게 구속되는 도법이다. 하지만 에반스는 여기서도, 엘 리시츠키El Lissitzky나 존 헤이덕John Hejduk의 경우처럼 "투사에서 실패한 것으로 여겨졌던 애매성이 이제 긍정적인 미학적 용도로 전환된" 점에 주목한다. 에반스의 관점에서는 드로잉으로는 표현되지만 공간으로 번역될 수 없는 이 지점이, 즉 다른 사람들이 드로잉의 한계라고 해석하는 이 지점이 오히려 관심을 집중시킬만한 가치를 지닌다. 그에게 건축가의 업무는 건물을 짓는 것이 아니라, 건축 드로잉을 만드는 것이기 때문이다. 너무 뻔해서 담론의 대상이 된 적도 없는 도면과 도법의 이면에서, 건축가의 생각, 건물, 드로잉이 서로 중개하면서 개입하고, 변형하는 복합적 작용을 읽어낸 그의 독해가 놀랍지 않다면, 이론적 감수성을 의심해봐야 할 것이다. 독자의 편의를 위해 원문에 없는 8개 소제목을 덧붙였다.

원문 출처: Robin Evans, "Architectural Projection," Eve Blau and Edward Kaufman eds., *Architecture and Its Image: Four Centuries of Architectural Representation* (Montreal: CCA, 1989). pp.18-35.

건축적 투사

로빈 에반스

1 건축적 투사: 건물과 드로잉 사이

건축 드로잉은 투사도이다. 투사는 일정한 방식으로 정렬된 가상의 직선들이 드로잉을 관통해서 드로잉이 재현하는 사물의 해당하는 부분까지 잇는 것을 말한다. 우리는 모두 투사된 이미지에 아주 친숙하다. 텔레비전 화면에 비치는 영상들도 투사체이다. 어떤 피사체에서 반사된 광선들이 카메라 렌즈에 수렴되고, 감광성 표면 위에 초점이 맞춰진다. 이것이 투사다. 그 결과로 만들어진 이미지는 전기 신호로 전환되어 브라운관으로 전송되는데, 여기서 전기신호는 다시 주사 전자선으로 모인다. 이 패턴은 원래 원뿔을 형성하는 광선을 역으로 복사하는 모양새를 보여준다. 전자신호가 형광면을 비추면 또 다른 이미지가 만들어진다. 이것도 투사다. 사진이나 영화에서 볼 수 있듯이 말이다. 우리는 현실적 사건을 2차원으로 보여주는 영상들에 온통 둘러싸여서, 이미 오래전에 재미는 고사하고 가벼운 호기심조차 느끼지 못하게 되었을 정도다. 우리는 이 영상들을 끝없이 확장되는 정보 전송 기술의 일부로 생각하는 경향이 있다. 투사가 수많은 전자적, 기계적 과정에 통합되어서, 우리 상상력에는 별 여지를 남겨둘 필요가 없다고 말이다. 평소에 상상력을 동원해서 공간적 관계를 따져볼 필요가 없고, 더구나 블랙박스 속에서 영상이 아주 정확하고 쉽게 바로바로 비치는 시대에, 공간적 관계를 따지는 것은 거의

[1] 손윗 베르트랑,
   터스칸 주두의 그림자, 1817

무의미해 보인다.

    재생산 기술이 풍부해질수록 사물은 더 얕아진다. 적어도 대부분의 투사 작업은 이 방식으로 작동하는데, 그 이유는 2차원인 정보가 3차원인 사물보다 훨씬 다루기 쉽기 때문이다. 실무에서는 영상을 만들기 위해 도구나 기계를 사용하는 경우가 많기 때문에 투사는 철저하게 3차원에서 2차원으로 진행되는 방향성을 갖게 된다. 하지만 투사 자체에 방향성이 정해져 있는 것은 아니다. 어떤 방향으로든 작동할 수 있다. 건축은 2차원의 재현체에서 정보를 얻어 현실적 대상을 만든다는 점에서 반대 방향을 보여주는 사례라고 할 수 있다.

    물론 건축 자료실에는 기존 건물을 그린 드로잉이 무수히 많다. 텔레비전이나 사진과 마찬가지로 이 드로잉들은 이미 만들어진 사물을 기록한 것으로, 아직 만들어지지 않은 사물을 투사하지 않는다. 그러나 두 범주 사이의 차이를 구별하는 것이 항상 쉬운 일은 아니다. 어떤 계획이 마무리되어 생산될 수 있도록 소위 프레젠테이션 드로잉을 그릴 때에는, 가능한 한 실물보다 돋보이게 하는 동시에 약간 사실적으로 보이게 하는 경우가 많다. 프레젠테이션 드로잉은 디자인에 영향을 미치는 것으로 간주되지 않는다. 이 드로잉의 용도는 완전하게 정리된 생각을 널리 알리는 것이지 이를 검증하거나 수정하는 것이 아니다. 따라서 프레젠테이션 드로잉은 기록물로 분류되어야 한다. 그럼에도 이 드로잉이 기록하고 있는 것은 실제가 아니다. 프레젠테이션 드로잉은 이미 다른 곳에서 정리되었지만 아직 완공되지 않은 일련의 지시나 제안을 눈에 보이는 결과물로 투사한다. 하지만 여기서 투사라는 용어의 의미는 완전히 달라진다. 프레젠테이션 드로잉은 생명체의 시점이나 사진과 달리 실물에서 받은 인상이 아니며, 그렇다고 실물 제작에 그대로 사용되는 것도 아니기 때문에 그 위상이 불분명하다. 즉, 프레젠테이션 드로잉은 건물로부터 넘겨받은 것도, 건물로 넘겨지는 것도 아니다. 그것은 과정의 시작과 끝 사이 중간 어디엔가 일종의 막다른 곳cul-de-sac에 머물러 있다.

정보를 전달하는 두 가지 투사 방식을 대비시키는 것은 기껏해야 애매한 경우를 서술하게 될 뿐이어서 생뚱맞아 보일 수 있다. 두 방식을 구분하는 것이 정확하지도 않고 실용적 가치가 거의 없다는 인상을 줄 수도 있다. 그러나 내가 의도하는 바는 건축 드로잉이 일반적으로 가진 공통적 속성을 적시하려는 것이다. 투사는, 즉 그림을 사물과 연결하는 비가시적인 선들은 항상 방향성을 갖는다. 드로잉은 이 벡터를 포획하고 고정시키지만, 관찰자의 상상력은 이렇게 고착 상태에 있는 투사된 정보도 재편성할 수 있다. 어떤 작업자가 작업도면을 보면서 작업이 끝난 결과가 어떻게 될지 머릿속에 떠올린다면, 그는 이렇게 투사의 방향을 뒤집어서 결과를

머릿속에 그려봄으로써, 곧 아직 만들어지지 않은 존재의 결과를
예측함으로써 최종 국면을 추출하고 있는 셈이다. 화살은
A에서 B로 직진하지 않는다. 상상력이 있다는 것은 과업을
완수하기 위해 자신이 하고 있는 일을 분명하게 파악하고,
자신이 만들려고 하는 것에 대한 선명한 상을 마음속에 떠올릴
수 있다는 것이다. 상상력을 지닌 관찰자만 끌어들여도,
설계도면과 완성물 사이를 잇는 선이 직선 벡터가 아니라
일련의 소용돌이와 우회를 거쳐 구성되는 것임을 알 수 있다.
시각적 설명은 아무리 이해하기 어렵고 도식적일지라도
예시의 기미가 남아 있기 때문에, 우리는 이 예시가 묘사하는
것을 ―그것이 실제가 아니라는 걸 알아도― 이미 실제인
것처럼 머릿속에 그려보기 마련이다. 여기서 상상력의 어떤
측면들은 투사와 아주 유사해서, 서로 견주거나 혼동될
정도라는 것을 알 수 있다.

피사체가 그려진다고 해서 어떤 영향을 받는 것은 아니라는
견해가 통상적으로 받아들여지는 지형 기록 작업에서도,
속도는 전혀 다르지만 이와 유사한 우회와 전환이 나타난다.
건물을 그려보라. 다 그리고 나도 건물은 예전 그대로 남아
있을 것이다. 시각적 지식은 아무런 부담도 주지 않고 아무것도
빼앗지 않고 피사체에 내려앉는다. 눈으로 보고 아는 것은 아주
부드럽고 사려 깊고 섬세하다. 물론 막스 에른스트Max Ernst가

건축적 투사

자신의 아버지에 대해 말해준 이야기처럼 그렇지 않은 경우도 있다. 철저한 사실주의자였던 에른스트의 아버지는 자기 정원을 그리다가 어떤 나무가 없어지지 않으면 만족할 수 없어서 처음에는 그림에서 나무를 뺐고, 나중에는 아예 정원에서 나무를 제거해버렸다고 한다.[1] 이야기가 우스꽝스럽게 들리는 이유는, 정원에 있는 나무에 문제가 있어서가 아니라 에른스트의 아버지가 시원찮은 화가라고 생각하기 때문이다. 하지만 사실, 수동적인 묘사와 적극적인 현실 개조 사이에는 부단한 상호작용이 존재하지 않을까? 극도로 공격적이고 광포했던 15세기에서 19세기에 이르는 동안 서양 문명에서 대상을 정확하게 재현하는 것이, 즉 모든 것을 동화시키면서 아무런 영향을 주지 않는 이 방식이, 왜 그렇게 중요했는가를 설명하는 데 이 이야기가 도움이 되지 않을까?

누군가 파르테논 신전을 그리다가 어떤 부분이 눈에 거슬린다고 없애버리는 —지워버리는 정도가 아니라 에른스트의 아버지가 나무를 없앤 것처럼 부지에서 제거해버리는— 식의 일은 솔직히 상상하기도 어렵다. 그토록 칭송받는 건물에 그런 식의 파괴행위가 가해지는 것은 용납될 수 없을 것이다.

---

1 Marcel Jean, *The History of Surrealist Painting*, trans. S. W. Taylor (London: Weidenfeld and Nicholson, 1960), p. 76.

그럼에도 불구하고 파르테논을 그린 드로잉들에서는 그와 비슷한 일들이 남몰래 행해졌고, 에딘버러에서 부에노스 아이레스에 이르기까지 무수하게 다양한 닮은꼴 공공건물을 전파하는 데 일익을 담당했다. 위대한 건축 작품의 규범을 확립하는 것과 그것을 전체적으로 또는 부분적으로 베껴서 복제하는 것은 완전히 다른 일이다. 파르테논이 드로잉에 의해 파괴될 수는 없지만, 강탈당할 수는 있다. 즉 형태를 훔쳐서 똑같이 재건하는 경우, 투사는 수동적 대행에 머물지 않는다.

그 자체로 투사에 필적하는 관찰자의 상상력은, 사물과 그림 사이의 단순한 쌍방향 소통을 복잡하게 만들어, 예측할 수 없는 우회와 변경을 야기한다. 안정성을 깨트리는 이 요소를 삭제하면 우리는 결과만 가지고 판단해야 하는데 그게 훨씬 쉽다. 윌리엄 버터필드William Butterfield의 사무소에서 그린 북런던의 세인트 마티아스 드로잉, 네스필드William Eden Nesfield가 그린 가구 제작도와 어니스트 코미어Ernest Cormier의 몬트리올 법원 드로잉은 어김없이 각자의 최종 목적지인 교회, 집, 법원으로 이끌고 간다. 이는 완공된 건물에서 사진 이미지로 향하는 것과 마찬가지로 한 치도 벗어날 수 없는 여정이다. 이렇게 상상력을 제거해버리는 것이 편리할 때도 있지만, 그것은 임시방편으로만 실행되어야 한다. 활기를 주는 상상력이 영구히 도외시된다면, 드로잉은 아주 쉽게 기술적인 면만

건축적 투사

보조하는 범주로 전락할 것이다. 이는 두 가지 착각으로 귀결된다. 첫째, 드로잉은 (부정확하게 그려지지 않는 한) 그려진 것과 아무 차이가 없다는 착각. 둘째, 드로잉은 사물을 퍼트릴 수는 있지만, 생성할 수는 없다는 착각. 우리가 좋은 드로잉을 단순하게 진리를 전달만 하는 것으로 간주하는 한, 이 두 가지 착각은 지속될 것이다. 이런 생각에서 벗어나는 정도에 비례해, 드로잉에서 많은 것을 확인할 수 있을 것이다.

고대의 지혜에 따르면, 건축가는 관념에 따라 이미지를 만든다. 신학자들은 이 주제에 대해 성 토마스 아퀴나스St Thomas Aquinas를 즐겨 인용했다. 아퀴나스는 건축가가 먼저 어떤 집에 대한 관념을 갖고 있다가, 그 집을 짓는다고 썼다. 신도 비슷한 방식으로 세상을 만들었다고 보았다. 우리는 지금도 아퀴나스의 건축가상에 사로잡혀서, 건축가는 먼저 생각하고 그 다음에 그린다고 생각한다. 건축가는 형체가 부여되지 않았지만 이미 완성된 관념을 정신에서 끄집어내어 ―에른스트의 아버지가 화폭에 나무를 그린 것처럼― 종이에 옮긴다는 것이다. 그러나 아퀴나스의 건축가는 허구에 불과하다. 그런 방식의 창조도 있을지 모르지만, 비중이 큰 창조방식은 아닐 것이다. 오히려 반대 입장이 주류다. 마치 온 세계가 정신에 담겨 있는 것처럼 눈을 감고 상상하는 것은 현실성이 없는 유아론에 불과하다. 상상력은 눈을 떠야 작동한다. 상상력은 보이는 것을 변경시키고, 그것에 의해 변경된다. 우리가 이 점을 인정한다면, 문제가 되는 것은 관념과 사물의 관계가 너무 쉽게 변하고 일정치 않다는 점이다. 이러한 불안정은, 관념과 사물을 잇는 큰 통로 변에서 가장 불확실하고 유동적인 위치를 갖는 건축 드로잉에 대한 우리의 이해에 영향을 미칠 수밖에 없다. 그런 이유로 드로잉을 건축에서 추측이 작동하는 핵심 거점으로 제안할 수 있는 것이다.

위대한 건축에 대한 우리의 지식은 대부분 그림에서 얻은 것이다. 따라서 우리가 알고 있는 건축이 — 우리가 일상에서 사용하는 건물이 아니라 '명작'의 범주에 드는 건물들이 — 중간 개입체가 부풀린 헛소문에 불과할 수도 있는 상황을 상상해 볼 수 있다. 우리가 원한다면 위대한 건물들을 그런 방식으로 다룰 수도 있는데, 그 건물들이 자신을 투사한 이미지들에 완벽하게 에워싸여 있기 때문이다. 그 건물들은 의심할 여지없이 우리가 바라보는 방식을 바꿀 예시의 기운 안에 놓여 있다. 비평가들이 건축 아이디어를 확산하고 유지하는 데 사진이 수행하는 적극적 역할을 더 잘 알게 되면 중간 개입이 더 분명해진다.[2]

---

[2] 사례로 다음의 책들이 있다. Juan Pablo Bonta, *Architecture & its Interpretations,* chapter 2-3 (London: Lund Humphries, 1979). Beatriz Colomina, "Le Corbusier & Photography," *Assemblage*, vol.4 (1987.10), pp.6-23.

어떤 건축 형태들을 발생시키는 데, 또 다른 형태들을 유지하는 데, 드로잉이 수행하는 적극적인 역할에 대한 의식도 점점 커지고 있다. 레이요낭rayonnant 고딕 건축이 가늘어지고 선적이며 판형 벽의 특성을 갖게 된 것은 1240년 이전 어느 때부터 양피지에 축적을 표기한 실시 설계도가 도입된 덕분이라는 로버트 브래너Robert Branner의 고찰을 하나의 예로 거론할 수 있을 것이다. 그는 캉브레 성당이 이 방식에 따라 구상된 최초의 건물이라고 생각했다.³ 우리는 여기서 건축의 양쪽에서 이미지가 수행하는 능동적 역할을 더 잘 의식하고 유의하면서 관심을 기울이는 비판적 양면 협공작전을 목격하게 된다.

투사와 이미지를 확장시킨 논의의 장에서, 최신 유행에 따르는 입장은 건물 자체가 특별한 우선권을 갖지 않는다고 본다. 건물이 한때 가졌었고, 항상 가져왔거나 가져야 한다고 생각하는 그 우선권을 계속 유지해야 한다며 약간 분개하면서 고집하는 것은, 습관에 불과하다는 것이다. 하지만 유행에 약간 뒤떨어지면서 아주 독선적인 다른 입장은, 드로잉이나 그림이 건축에 대한 우리의 직접적이고 확실한 지각을 방해하기 때문에, <u>그 어떤</u> 드로잉이나 그림에도 반대한다. 첫 번째 입장은

---

3   Robert Branner, "Villard de Honnecourt, Reims and the Origin of Gothic Architectural Drawing," *Gazette de Beaux Arts,* vol. 61, no. 6 (Paris/New York, 1963. 3), pp.129-146.

쉽게 받아들일 수 있지만, 그것이 함축하는 의미는 아주 혼란스럽다. 두 번째 입장은 서양 건축사 전체를 무시해야만 받아들일 수 있다. 서양 건축사는 항상 구축과 선전을 위해 그림에 의존해왔기 때문이다. 어떤 결과로 귀결될지 충분히 이해하지 못해도 소신을 갖고 뭔가를 고집하기는 그리 어렵지 않다. 현재 우리는 드로잉과 사진이 그들이 재현하는 것을 변경하거나 고정시키고, 숨기거나 드러내고, 보강하거나 손상시키는 힘을 갖고 있다는 점을 이제 막 탐구하기 시작했을 뿐이다. 이 탐구의 최종 결과가 무엇이든 그 결과에 이르기 전에 한 가지는 확신할 수 있다. 즉 건축은 지금까지 알려진 것보다 훨씬 더 그림에 의존하고 있다.

아래 글에서 나는 이 의존 양상의 한 가지 측면, 즉 건설행위에 선행하는 그림에 대해 간략하게 정리해보려고 한다.

2   투시도와 직각투사도

우리에게 가장 익숙한 이미지들은 투시도법에 따른 것이다. 투시도법상의 투사에서는 이 글의 서두에서 언급한 가상의 정렬된 선들이 모두 한 점으로 수렴된다. 이는 광선들이 눈에 수렴하는 방식과 정확하게 같다. 그렇기 때문에 투사선projectors 이라 불리는 이 가상선은 실제로는 존재하지 않는 것임에도,

존재하는 뭔가의 패턴을 모방한다. 재현하는 것과 닮았거나 또는 제한된 조건 하에서는 정확하게 일치하는 그림을 이 가상의 선에 의존해서 만들어낼 수 있는 이유이다. 투시도는 외눈으로 보는 시각의 기하학을 모방한 것이다.

그러나 전문적 디자인, 생산 그리고 건축 예시도에서 주로 사용되는 드로잉은 투시도법을 따르지 않는다. 이 드로잉들은 직각투사도법(또는 건축투사도법, 공학도법, 기하학도법, 평행투사도법, 원통투사도법, 또는 도학도법)을 따른다. 직각투사도법에서 투사선들은 한 점으로 수렴하지 않고 평행을 유지한다. 직각투사도는 우리가 사물을 바라보는 방식이 아니기 때문에 제대로 알아보기가 쉽지 않다. 현실 세계를 지각하는 어떤 양상에도 부합하지 않으며, 매우 추상적이고 공리적인 체계이다. 때문에 많은 사람들이 이런 드로잉을 처음 보았을 때 읽어내기 어려워한다. 하지만 직각투사도는 투시도보다 그려진 대상의 형상과 크기를 더 많이 보존한다는 이점이 있다. 이 도법은 사물 바라보기보다는 사물 만들기에 더 적합하다.

따라서 일반적으로 건물에서 나오는 방향에는 투시도가, 건물로 향하는 방향에는 직각투사도가 더 적절하다는 것이 놀랄 일은 아니다. 이 말이 전체적으로는 맞지만, 두 도법을 혼합하거나 서로에게 슬며시 끼워 넣는 고도의 수법까지 불가능한 것은 아니다. 한 도법의 전문가는 다른 도법의 전문가이기 쉽기 때문이다. 물론 다른 도법에 슬며시 끼워 넣는다고 해도, 건물이 지어지기 전에 건물에 대한 아이디어를 고안하고 그려서 전달하는 건축 분야의 주도적 방법이 직각투사도라는 사실에는 변함이 없다. 따라서 이 글에서는 주로 직각투사도를 다루게 될 것이다.

여전히 남아 있는 의문은 직각투사도가 어떻게 작동하는가이다. 직각투사도에는 의혹을 제기할 것이 거의 없지만, 이 도법을 건축에 적용하면 수많은 난제들이 제기된다. 그중에서 가장 집요한 문제는 실제로 지어지기 전임에도 어떻게 건축 아이디어가 확정되는가라는 수수께끼와 관련이 있다. 예술의 관점에서 검토하면, 이런 방식으로 어떤 대상이 미리 확정되는 것은, 즉 어떤 것을 만들기 시작하기도 전에 통상적으로 중요한 결정들이 모두 내려지는 것은, 건축에서만 볼 수 있는 독특한 것이다. 건축을 추상적이라고 특징짓는 것은 어리석어 보이는데, 그 이유는 집이 의자나 과자보다 추상적이라고 할 만한 것은 없기 때문이다. 하지만 주택을 구상하는 과정을 <u>추상된 것</u>이라고 부르는 것은 합당해 보인다. 건축가들은 건물을 만드는 것이 아니라 건물의 도면을 만든다. 다른 것들도 ―예를 들어서 공학이나 입법도― 비슷하게 생각되지만, 그것들은 보통 예술로 여겨지지 않는다.

투사가 투사되는 것에 어떻게 작용하는지 이해하려면,

사례를 면밀하게 살펴보고 검사해야 한다. 그래서 나는 캐나다건축센터(CCA) 소장품 중에서 구체적인 드로잉을 다수 선정해서 투사도에 적용된 여러 가지 방식을, 즉 그 투사도가 어떻게 만들어졌는지, 무엇보다도 투사도가 재현하는 건물을 형성하는 데 어떻게 관여하는지 보여주고자 했다. 역사적 발전 과정이 어느 정도 제시되기도 했지만, 부수적인 것에 불과하다. 사례들은 기법들을 연대별로 정리하거나, 사용된 투사 유형들을 분류하기보다, 드로잉이 건물 구상에 작용을 미치는 여러 가지 방식들을 구분한다는 관점에 따라 선정되었다.

    여기서 상상력이 중시되기는 하지만, 그것은 약간 이상한 방식으로 해석된 상상력이라는 점을 인정해야만 하겠다. 여기서 상상력은 건축가의 마음에 자리 잡고 있는 것만 지칭하는 것이 아니다. 드로잉을 보는 사람의 활발한 상상력은 이미 언급했다. 더 나아가 드로잉 자체 안에도 활발한 상상력이 존재한다. 이 상상력은 상상하는 정신적 능력과 아무 상관이 없는 말이다. 분명 드로잉은 생각하지 않는다. 그러나 직각투사도 같은 드로잉 기법은 그 자체로 강렬한 상상력의 산물이었기 때문에, 그 안에는 거대한 상상 지능의 작용력이 잠복해 있다가, 도법이 사용될 때마다 크고 작은 결과나 다양한 목적을 성취하도록 활성화된다.

    드물긴 하지만 건축가의 상상 지능이 드로잉을 창안하는

것과 그려진 사물을 창안하는 것으로 나뉘는 경우가 있다.
이때는 어느 것도 당연시될 수 없는데, 그런 상황에서 투사와
투사된 것 사이의 관계는 상당히 흥미롭다.

3   알브레히트 뒤러

첫 번째 사례가 바로 그런 경우이다. 1527년 뉘른베르크에서
출판된 알브레히트 뒤러Albrecht Dürer의 『축성에 대한 몇 가지
교훈Etliche underricht zu befestigung』에 실린 도판[2]에는 성곽의 평면,
입면, 단면이 실려 있는데, 이렇게 세 가지 건축 도면이 함께
출판된 최초의 사례로 보인다. 세 가지 도면 세트를 워낙
근본적인 것으로 여기게 되었기 때문에 최초 사례라는 점이
더욱 의미심장하게 다가온다. 세 가지 건축 도면 세트가 건축
생산의 전형으로 확립된 시기는 16세기 중반이다. 뒤러의 책에
연이어 실린 또 다른 도판[3]도 이에 못지않게 중요해 보인다.
이 도판은 앞에 실린 목판화 드로잉 도판이 너무 작아서 자세한
방식을 거의 보여주지 못한 성곽의 곡면 벽 입면을 확대해
그린 것이다. 두 도판 어디에도 투사선들이 표시되지 않지만,
벽의 곡률을 따라 기울어지고 휘는 아치들의 위치가 투사에
의해 결정된 것은 확실하다. 건축 도면의 기존 관습에 익숙한
사람이라면 이 도판이 평면에서 입면의 외곽을 만날 때까지

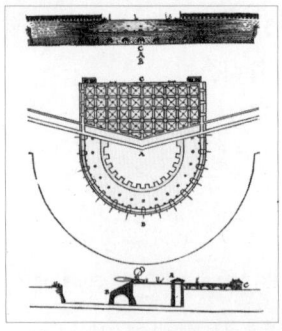

[2] 알브레히트 뒤러,
 도시 성곽 모서리의 요새 설계, 1527

[3] 알브레히트 뒤러, 요새의 입면, 1527

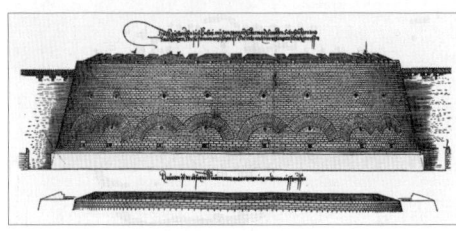

평행선을 위로 투사해서 만들어진 것임을 아무런 어렵지 않게 알아볼 수 있을 것이다. 가장 간단한 절차는 아치들을 평면 위에 놓고 원주를 동일한 간격으로 나눠 이 정보를 위로 올리는 것이다. 그러나 잠시만 생각해보면 이 경우에 훨씬 더 복잡한 처리과정을 요구한다는 것을 알 수 있다. 투사선이 전달되고 도달하는 표면은 박스 형상도 직각도 아니다. 성벽의 표면은 원뿔을 얇게 저민 것으로, 기울어진 상태의 곡면이다. 컴퍼스를 사용해서 종이에 단순한 아치를 그려보자. 이 종이로 원뿔 표면을 전사하듯이 빙 돌아 감싸서 굽은 아치를 구할 수도 있고, 아니면 이 종이를 똑바로 펴서 세운 다음 아치 형상을 원뿔의 표면에 투사할 수도 있다. 두 경우 모두 평면과 입면에서 지점들을 따라 이은 곡선은 컴퍼스로 그릴 수 없다.

    뒤러의 성벽에서 우리가 보는 것은 투사에 의해 윤곽이 규정되는 형상들이다. 여기서 유의해야할 중요한 사실은 이 방식으로 규정되는 것이 단지 그려진 형상이 아니라, 드로잉대로 지어질 수도 있는 형상이라는 점이다. 우리가 (투사 작업 없이) 성벽의 원뿔형 표면을 빙 돌아 에워싸는 아치의 드로잉을 머릿속에 그리려면, 벽이 지어지기 전에 그렇게 해야 한다. 하지만 아치의 형상을 알기 위해서는 그 바탕이 될 벽의 형상이 필요하다. 우리는 벽이 지어질 때까지 아치의 형상을 알 수 없고, 동시에 아치의 형상을 알 때까지는 벽을 지을 수 없다. 직각투사도를 통해 구축된 가상적 표면은 이 악순환을 끊을 수 있게 만든다. 사물이 3차원으로 만들어지거나 모형 제작되기 이전에 모든 부분의 치수를 알 수 있다. 뒤러의 드로잉은 제안된 건물의 형상과 어떤 차이도 없는 것인가, 아니면 통상적인 건설 실무로도 적당히 해결되었을 형상과 비슷한 정도에 불과한 것인가? 그 대답은 구축 방식에 달려 있다. 거푸집에 덩어리로 붓는 구축이라면 드로잉 없이도 가능했겠지만, 석재 절단 구축이라면 드로잉 없이는 불가능했을 것이다.

뒤러는 화가로 더 잘 알려져 있지만, 수백 년 동안 유럽의 위대한 기하학자로도 여겨졌다. 이런 평가는 어느 정도 받아들여지고 있지만[4] 투사도의 발전에서 핵심 위치를 차지한다는 평가에 대해서는 아직 의견이 분분하다. 그는 직각투사도 뿐만 아니라 투시도에 정통한 전문가이자 상징적 인물이었다. 기하학적 형상의 작도에 관한 저서 『측정 교본 Underweysung der Messung』(1525)에서 그는 축성도에서 틀림없이 적용했을 작업 방식을, 즉 직각투사도법에 따라 원형 평면에서 원뿔 입면으로 정보를 옮겨 기입하는 방식을 예시해 보였다.

---

[4] 지금도 어떤 지면에서는 손꼽히는 인물로 묘사된다. 다음을 참고하라. Carl B. Boyer, *A History of Mathematics* (New York: John Wiley, 1968), pp.324-327.

그는 원뿔을 촘촘한 간격의 수평 절단선으로 얇게 저미고, 각 절편에 상응하는 직경의 원들이 평면에 표시되도록 했다.[4] 원뿔을 비스듬하게 절단하는 선 GF는 촘촘한 간격의 절편들과의 교차선으로 볼 수 있다. 그 다음 할 일은 이 교차점들을 밑의 평면에 있는 상응하는 원들로 떨구는 것이다. 그리고 나서 뒤러는 평면에서는 수평치수를, 입면에서는 사선 GF에서 나온 수직치수를 취해서 얻은 곡선을 3번째 드로잉으로 같은 종이 면에 작성했다. 타원이 그려진다. 하나의 입체를 무수한 평행면으로 절단해서 정보를 한 국면에서 다른 국면으로 손쉽게 투사하게 하는 이 특수한 기법은 뒤러가 창안했다.[5] 독자는 뒤러가 원뿔을 재현하면서도 성곽을 재현할 때와 동일한 도면 세트 즉 평면, 단면, 입면을 사용했다는 점을 놓치지 말아야 한다. 원뿔 단면이 직각이 아니라 경사각을 갖는 점만 다를 뿐이다. 원뿔도가 2년 먼저 출판된 것이기 때문에 평면, 단면, 입면으로 이루어진 세트는 구체적인 건축 형태를 묘사하는 데 사용되기 이전에 추상적인 기하학 형상을 묘사하는 데 먼저 사용되었다고 추정하는 것이 합리적이다.

투박해 보이는 뒤러의 성곽 목판화 세트의 이면을

---

5 Marshall Clagett, "A Supplement on the Medieval Latin Traditions of Conic Sections," *Archimedes in the Middle Ages*, vol.4, part 1 (Philadelphia: American Philosophical Society, 1980), pp.266-267.

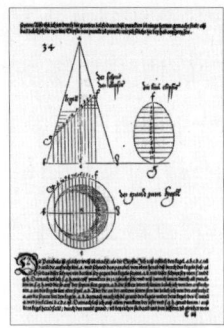 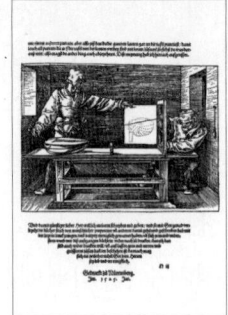 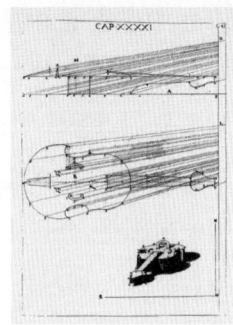

[4]   알브레히트 뒤러, 타원을 산출하도록
      절단된 원추의 기하학적 드로잉, 1515

[5]   알브레히트 뒤러, 류트를 투시도로 그리기
      위한 기계적 방식, 1515

[6]   로렌조 시리가티, 평면과 입면으로 그린
      류트의 투시 투사도, 1596

살펴보면, 당시 사람들이 이미 투사 관계에 대해 잘 이해하고 있었음을 알 수 있다. 수십 년 앞선 1470년대 초반으로 추정되는 시기에 피에로 델라 프란체스카Fiero della Francesca는 똑같은 문제를 동일한 방법으로 탐구하고 있었다. 그는 다수의 인상적인 드로잉들이 수반된 재기 넘치는 명석한 작품에서 직각투사도에 대한 해설을 처음으로 남겼다. 그의 평행투사도법은 탁월했지만 이상하게도 부차적인 것으로만 여겨졌다. 그의 저서 『회화의 투시도에 대하여De Prospectiva Pingendi』는 전적으로 투시도에 관한 책이었다.[6]

뒤러는 분명 피에로의 이 책을 알고 있었을 것이다. 혼자서 그 책을 공부했을 수도 있고, 볼로냐에 있을 때 그에게 투시도를 가르쳤던 수학자를 통해 알았을 수도 있다.[7] 두 예술가 모두 실제 사물에 훨씬 쉽게 적용할 수 있는 투시도 작도법을 연구하고 있었다. 실제로 추가 달린 끈, 경첩이 달린 2개 프레임, 격자지점표시기를 사용해서 기성품인 류트에서 어떻게 투시도 이미지를 만드는지 보여준 뒤러의 유명한 목판화[5]는, 직각투사도가 처음 출현하는 데 근거가 되었던 광학적

---

6 Piero della Francesca, *De Prospectiva Pingendi*, ed. G.N. Fasola (Florence: G. C. Sansoni, 1942).

7 Erwin Panofsky, *The Life & Art of Albrecht Dürer*, 4th ed. (Princeton, N.J.: Princeton University Press, 1971), pp.251-252.

건축적 투사

사실주의를 직설적으로 보여준다. 이 그림에 있는 류트를 평면과 입면으로 대체하면, 드로잉만으로도 유사한 시선의 지도가 만들어진다는 점은 이미 피에로가 보여준 바 있다. 유사하게 곡선으로 된 기구들을 보여주는 유사한 표현들도 후대의 투시도 작업들에서 많이 발견된다.[6] 당시에 직각투사도는 그것 없이도 투시도가 아주 완벽하게 실행될 수 있을 때, 투시도를 종이 위에서 이론적으로 검증할 때에만 도입되는 수고로운 가외의 처리 방식이었던 것으로 보인다. 회화는 광학적 인상을 진짜처럼 보이도록 기록하는 데 한정되어 있었지만 직각투사도는 그렇지 않았다. 피에로와 뒤러는 (아마 십중팔구 1420년경 투시도 이론을 처음 정식화시킨 건축가 브루넬레스키를 따라)[8] 직각투사 작도법을 보조로 도입하여, 상상하는 것을 가장 정확하게 그릴 수 있도록 만들었다. 지도를 작성하듯 실제 사물과 종이의 지점들을 잇는 과정을 수행하면 다른 것도 창안할 수 있다. 정확성을 전혀 포기하지 않고서도

---

8   브루넬레스키의 작도법은 추론의 산물로 볼 수 있지만, 피에로의 이론서 2장에서 제시된, 직각 재현을 사용한 방법이 거의 최고 수준이라고 인정받는 추세다. 에드거튼조차, 소점이야말로 르네상스 투시도에서 핵심적 발견이라는 자신의 주장을 규명하는 데 아무 도움이 되지 않는데도 그 점만은 인정한다. 이에 대해 다음을 참고하라. Samuel Y. Edgerton, *The Renessance Rediscovery of Liner Perspective* (New York: Harper and Row, 1975), pp.130-132.

허구적인 것을 투시도 영역으로 끌어들이는 것이 바로
직각투사도이다. 분명 회화에서도 아주 중요한 문제지만, 이
글의 주제는 건축 드로잉이기 때문에, 직각투사도가 건축에서
지닌 함축적 의미에 관심을 한정하고자 한다.

4 직각투사도와 건축의 관습

가장 먼저 눈여겨볼 것은 직각투사도가 투시도에 종속되는
현상이다. 피에로의 경우는 온통 투시도에 집중했기 때문에
이런 종속이 일어났을 수도 있다. 그러나 알베르티, 세를리오
Serlio, 비뇰라Vignola 같은 건축서 저술가들을 포함해서 광범위한
범위에 걸쳐 동일한 편견이 발견된다. 이때의 직각투사도는
투시도의 예비 작업, 그리고 투시도가 아니라면 ─고전적 건물
만들기, 해시계 만들기, 배 만들기, 절석 등─ 다른 무엇인가의
예비 작업으로 다뤄지는 점이 특징이다.[9] 투시도에 대해서는
수백 권의 책들이 출판되었지만, 오로지 직각투사도만 다룬
책은 18세기가 거의 끝날 때까지 등장하지 않는다.[10] 지금도

---

9   Peter Jeffrey Booker, *A History of Engineering Drawing,* chapter 5-7 (London: Chatto and Windus, 1963), pp.37-78.

10 Gaspard Monge, *Géométrie Descriptive* (Paris: Hachette, 1799).

브리태니커 백과사전에서 투시도에 대한 설명은 96줄에 이르지만, 직각투사도에 대해서는 9줄뿐이다. 결론적으로 투시도는 서구인의 눈을 획기적으로 열어준 것으로 칭송되는 반면, 직각투사도는 기술적인 문제에 국한된 위상으로, 즉 기술 관련 드로잉이나 한정된 시각으로 낮게 평가되는 것이다. 다른 과업을 추진하는 데 이 도법이 유용하다는 점이 오히려 이 도법을 지식의 한 형태로 보는 것을 방해하는 셈이다.

이제 건축 비평가와 역사가들이 직각투사도에 관심을 쏟고 있어서 —때로는 그들조차 다루고 있는 대상에 대한 이 뿌리 깊은 편견에 똑같이 사로잡히기도 하지만— 이 국면은 변할 것이다.

이와 긴밀하게 붙어 있는 또 다른 뿌리 깊은 편견은 직각투사도가 상상력과 무관하거나, 상상력을 적극적으로 방해한다는 생각이다. 이미 설명한 내용에서 보듯, 항상 이 편견이 있었던 것은 분명 아니다. 직각투사도는 이미지 형성을 능동적으로 촉진시키고, 상상하는 대상을 정교하게 다듬는 데 아주 효과적인 매개체이다. 긍정적인 면만 있는 것은 아니다. 당연히 때로는 그것이 왜 부정적이었는지도 해명해야 할 것이다. 뒤러의 목판화를 살펴보자. 상상력은 투사라는 매체를 통해 발산되어, 축성에 형상을 부여한다. 마시모 스콜라리 Massimo Scolari가 지적했듯이, 특정한 평행투사도의 개발과 군사적 주제가 밀접하게 연합하게 된 것에는 약간 사악한 면이 있다.
이 연합은 19세기까지 잘 지속되었다가, 이후에는 군사적
응용이 산업적 응용으로 넘어가게 된다.[11] 내가 생각하기에
이런 방식으로 사용되었다고 해서 상상력이 고갈되었다거나
타락했다고 할 수는 없다. 상상력은 미리 예단할 수 없는 것이긴
하지만, 세상에 영향을 미치는 방식은 대개 애매하고 상황에
따라 달라진다. 뒤러도 그렇게 생각했기 때문에 "칼은 칼일
뿐이다. 그것은 살인에 사용될 수도 있고, 정의를 위해 사용될
수도 있다"라는 옛 격언을 인용해서 논점을 명확히 했다.[12]
그는 사물을 나쁘게 만드는 것은 단지 오용되기 때문이라고
말한다. 잘 만들어진 사물은 그 자체로 좋은 것이다. 기능적인
성곽은, 뒤러의 〈막시밀리안 1세 개선문〉이나 〈농민봉기진압
기념비〉처럼 정치적 편향성을 표현한 계획안들에 못지않게
쉽게, 아마 훨씬 쉽게 정당화되었을 것이다.[13]

---

11 Massimo Scolari, "'Elementi per una storia dell' axonometria,"
Casabella, n.500 (1984), pp.42-49.

12 William Martin Conway, *Literary Remains Of Albrecht Dürer*
(Cambridge: Cambridge, 1889), pp.176-178.

13 개선문은 여러 개의 판화를 합성시켜서 1515년에 출판되었다.
Albrecht Dürer, *Maximilian's Triumphal Arch*, ed. E. Chmelarz (New
York: Dover, 1976). 농민봉기진압기념비는 다음 책에 수록되어 있다.
Albrecht Dürer, *Underweysung der Messung* (Nuremburg, 1525).

평면, 단면, 입면이라는 세 가지 드로잉도 항상 편향적이다. 비록 다른 종류의 편향성이기는 하지만 여기에도 국부성이 작용한다. 우리는 뒤러의 도판을 보고 성곽이 무슨 재료로 만들어지는지 알 수 없다. 그려진 형태들에서 석조이겠거니 추론할 수는 있지만, 추리일 뿐이지 명시된 것이 아니다. 성곽은 달처럼 한쪽 면만 보여줄 뿐이다. 내부 조직에 대해서도 단면 한 장으로 엿본 것뿐이다. 건물 투사도는 결코 전체를 망라한 것이 아니다. 형태 정보 말고는 거의 아무것도 전해주지 않으며, 그마저도 보통 불완전하다. 우리는 통상 관습적 세트로 제공되는 부분적 묘사를 제공받고는, 그것이 가장 중요한 정보이기 때문에 나름 적절하다고, 또 그렇기 때문에 드로잉들이 수행 과업에 딱 들어맞는다고 추정해왔다. 하지만 수세기에 걸쳐 수행 과업이 드로잉에 적응해왔다는 편이 더 정확할 것이다. 어떻게 그렇게 되었는지 말해줄 사람은 없다.

직각투사도란 수직투사도를 의미한다. 투사선들이 항상 화면과 수직이기 때문에 직각이라는 표현이 사용된다. 이론적으로, 직각투사도는 그려진 것에 결정적이거나 제약적인 영향을 전혀 미치지 않는다는 점에서 비교적 추상적인 관념이다. 그러나 실무적으로, 다른 것들과 대부분 명백하게 직교 관계에 묶인 건축에서, 직각투사도는 결정적인 영향을 미치고 제약을 가한다.

건축 도면에서 투사선은 종이에 수직일 뿐 아니라, 종이에 그려진 건물의 주요 표면과도 수직을 이룬다. 건물이 직면체인 경우가 많아서 건물의 표면과 도면의 표면을 일직선으로 만드는 것이 나름 합당해 보이지만, 다른 한편으로는 이 상상적 시선의 관습이 건물을 이 방식에 따르도록 거들고 있는 것이기도 하다. 버터 주걱으로 다듬던 회전 밀대로 다듬던, 다시 말해 건물을 블록으로 만들던 판으로 만들던, 상상적 시선의 관습이야말로 강력하면서 보수적인 형태 형성의 촉진제인 것이다.

5. 자크 앙드루에 뒤 세르소

뒤러의 성곽은 다소 다루기가 어렵고 규모가 크기 때문에, 직사각체 투사와 직사각체 대상 사이의 상호관계를 살펴보기에 좋은 예는 아니다. 항상 입방체 상태가 가장 간단하다. 이 경우에 얻게 되는 이점은, 경험 많은 전문가에게는 투사가 너무 쉬워서 이 매체 안에서 그가 느끼는 점도나 굴절의 강도는 마치 물고기가 물을 의식하는 수준에 불과하다는 점이다.

자크 앙드루에 뒤 세르소 명의로 된 드로잉 선집에서 가져온 다음 사례들은 기교를 덜 사용한 투사도로 앞에서 말한 쉬운 관계를 어느 정도 보여준다. 이 사례들 또한 16세기에 그려진 것으로, 도법이 건축에서 함축하는 의미가 여전히 작동하고 있다. 그러나 이 사례들은 당시에도 건축가가 어떤 경우에는 드로잉에 따르고, 다른 경우에는 저항하는 방식으로 반응한다는 점을 아주 분명하게 보여준다.

평면, 입면, 단면의 세트는 건물의 여러 양상들을 묘사하며, 그들을 묘사하는 데 있어서 이 도면들은 원천적인 특권을 부여받았다. 이 세 가지 유형의 도면은 최우선권을 갖고 있으며, 다른 도면들은 뒤따르기만 해도 별 탈이 없다. 예를 들어, 뒤 세르소의 드로잉 선집에서는 정면도가 80쪽에 달해 거의 전부라고 해도 과언이 아니다.[7] 이런 부류의 파사드는 첫 주제를 뚜렷하게 제공하며, 계획안의 나머지는 이 주제의 결과에 따르거나, 뒤로 숨는다. 대부분의 정면들은 뒤러의 성곽보다 정면성과 축을 훨씬 더 강조한다. 이들은 평행투사도의 흐름을 그대로 따르고 있어서 까다로운 문제가 전혀 없다. 기둥이 둘러싼 원통형 드럼이나 돔처럼 쉽게 다루기 어려운 형태도 안내에 따라 정렬된 상태를 벗어나는 법이 없다.

직각투사도의 추상성과 고전 건축의 근원적 조직 사이에는 이미 동맹이 맺어져 있었다. 거의 속임수에 가까운 미묘한 방식으로, 도법은 자신의 동맹자에게 직사각체, 평면성, 축성, 대칭성, 정면성 같은 각종 속성들을 제공했다. 르네상스 이후 회화에서는 투시도법이 압도적이었지만, 건축에서는

직각투사도법이 압도적이었다.[14]

뒤 세르소의 드로잉은 강력하게 결속된 이 매체와 형태 사이의 관계에서 벗어난 세 가지 방식을 보여준다. 먼저, 선집에 실린 드로잉 중 일부는 순수한 직각투사 입면이지만, 대부분은 그렇지 않다. 여기에는 적절하게 숨겨져야 했을 여러 가지 양상들이 부득이하게 표시되어 있다. 돌출과 후퇴를 나타내기 위해 평탄한 파사드 표면에서 튀어나온 측면과 밑면이 보이도록 그려졌다. 이런 요소들은 보통 드로잉이 전체적으로 지닌 통일성을 교란시키지 않는 방식으로 첨가되었다. 이들은 파사드 표면의 평면성과 상충될 수밖에 없지만, 얕은 평판형 투시도 공간으로 밀어넣어서 순수 입면에 못지않을 정도로 정면성을 갖게 된 것이다.

이 기법과 밀접하게 연관된 두 번째 방식은 잉크 윤곽선 안쪽에 엷은 그림자를 덧그리는 것이다. 선집 초반부의 10장은 다섯 오더를 그린 것인데, 순수 직각투사도에서 벗어난 부분이 없고, 그림자 표시도 추가되지 않아서[8], 선집의 나머지 부분에

---

14 두 가지 투사 방법이 건축 설계에 서로 다른 영향을 준 점과 두 가지 투사 방법 사이의 역사적 연관성은 다음에서 고찰된 바 있다. Wolfgant Lotz, "The Rendering of the interior in Architectural Drawings of the Renaissance," *Studies in Italian Renaissance* (Cambridge, Mass.: MIT, 1977), pp.1-41.

건축적 투사

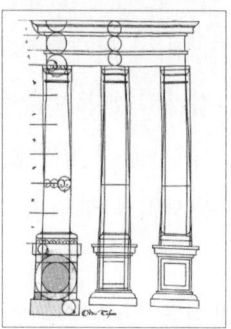

[7] 손윗 자크 앙드루에 뒤 세르소의 공방,
     고대 방식의 아치, 1565-1585

[8] 손윗 자크 앙드루에 뒤 세르소의 공방,
     3개의 터스칸 기둥, 1565-1585

그려진 파사드들과 비교된다. 전자는 몸체가 없어 보이고, 후자는 물질성이 강해 보인다. 이런 종류의 그림자 효과는 15세기 동안 투시도와 함께 나란히 발전되었다. 그림자 효과가 직각투사도로도 옮겨지면서, 정확하게 그 도법에 의해 제거되었던 것을 다시 덧붙이는 듯한 기묘한 효과가 발생하는 것이다. 화면에 일직선으로 맞춰지지 않은 어떤 각면체 덩어리를 직각투사도로 그리면, 투시도에서 비롯한 모습이라고 말하기 어려운 상태가 되기 때문에 아주 이상해 보일 것이다. 피에로 델라 프란체스카가 비뚤어진 입방체를 놓고 그린 중앙 및 평행투사도는 이 애매성을 잘 보여준다.[9], 15 직각투사도가 투시도와 아주 다르게 보일 때는 각면체와 판이 평행하게 정렬된 것이 확인될 때뿐이다. 이것은 더 억제되고, 더 추상적이고, 더 밋밋하고, 더 과묵해 보인다. 그림자 효과가 도입되면 잃어버렸던 것이 복원된다. 또다시 투시도에 근접한 효과가 나타난다. 예전부터 이런 유형의 드로잉 중에서 가장 뛰어난 사례는 손아래 안토니오 다 상갈로Antonio da Sangallo the Younger가 1520-1521년에 만든 성 피에트로 성당 계획안 단면과 입면들이다.[16] 다른 사례로는 17세기 후반 마우로 오디Mauro Oddi의 작품으로 추정되는 파르마의 산타 마리아 델라

---

15 Piero della Francesca, *De Prospectiva*, fig.29.

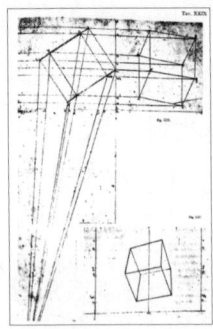

[9] 피에로 델라 프란체스카, 회화의 투시도에 대하여, 1480.

[10] 손윗 자크 앙드루에 뒤 세르소의 공방, 숙박소의 파사드, 1565-1585.

스테카타의 입면과 단면, 1776년 카를로 마르키오니Carlo Marchionni의 성 피에트로 성당 성물안치소 계획안, 자크 드니 앙트안Jacques-Denis Antoine이 학생이었던 1752년부터 구상했다는 분수계획안을 들 수 있다.

마지막으로 뒤 세르소의 파사드들에는 대칭적인 건물군의 중앙에서 양단부로 강조점이 옮겨가는 경향이 있다. 보통 단면에서 중앙부를 절단하는 것은 중간 부분을 가장 자세하게 묘사하기 때문에 그 부분을 가장 강조하게 된다. 르네상스 이후 상당수 건축에서 보이는 축선상의 조직은 이 기술적 관습에 의해 촉진된 것이다. 따라서 대부분의 '정확한' 고전적 파사드는 aBa 리듬에 따르는데 뒤 세르소의 구성은 AbA를 따른다. 이는 파사드 전면에 걸쳐 적용되고, 독립적인 별동과 베이bay에서도 축소된 규모로 반복되기에, 규범적인 3분 구조가 하이픈으로 연결된 2분 구조로 변형되었다고 해도 과언이 아닐 정도이다.[10] 따라서 선집은 원심적 구성의 놀라운 예들을 보여주는 셈인데, 이는 건축 역사가인 에밀 카우프만Emil Kaufmann에 의해 18세기 신고전주의의 특징으로 규정된 바 있다.[17] 방금 말한 이 파사드 모음집은 2부 구성을 다양하게 싣고 있어서, 최근 고전주의의

---

16 W. Lotz, *Studies*, pp.31-32. Gustavo Giovannoni, *Antonio da Sangallo il giovane,* vol.2 (Rome: Centro Studi di Storia dell'Architettura, 1958), figs.71-89.

본질적 구조는 3부 구성이라고 규정한 이론가 알렉산더 초니스 Alexander Tzonis와 리안 르페브르Liane Lefaivre의 주장을 무색하게 만들 정도이다.[18] 학자들의 오류를 지적하느라 이런 이야기를 하는 것은 아니다. 단지 규범적 도식schema을 자유롭게 변형시켜, 고전적인 것에 그치지 않고 직각투사적인 동시에 고전적인 상태를 성취한 사례로 이 선집을 거론하고 싶을 뿐이다.

이 세 가지 이탈 방식은 서로 아주 다르다. 그런데도 이렇게 함께 묶어서 제시한 것은, 고전 구성의 규범들이 건축 도면의 관습에 의해 지지되었을지 몰라도, 건축가가 그 동맹에 전적으로 동의한 것은 아님을 보여주기 위해서다. 건축가들은 항상 뭔가 더 많은 것을 해내려 했으며, 항상 자신을 구속하는 조건들에서 벗어나려고 했다. 그들은 도피 수단을 강구했던 것이 아니다. 한 양상이 도전받거나 부정되면, 다른 양상이 오히려 더 긴밀하게 고수되기 마련이다. 하나를 밀어내려면 다른 것을 끌어들일 필요가 있다. 이런 체계는 그런 작용이 일어나기에 충분한 견인력을 갖고 있다.

---

17 Emil Kaufmann, *Architecture in the Age of Reason* (Cambridge, Mass.: Harvard, 1955), pp.41-47, 188-201. 카우프만은 명확하게 표명한 바 없지만, 책 전체에 걸쳐 암묵적으로 원심적 구성을 하나의 원리로 적용하고 있다.

18 Alexander Tzonis and Liane Lefaivere, *Classical Architecture: The Poetics of Order* (Cambridge, Mass.: MIT, 1986), pp.9-33.

6. 손윗 베르트랑과 가스파르 몽주

이제 유사한 유형의 사례 하나를 살펴보도록 하자. 이 사례는 고전 건축이 원리를 직설적으로 따른 건축도 아니고, 또 어린 아이가 정원에서 뛰어노는 것처럼 아주 넓은 체계의 범위 안에서 마음껏 뛰어노는 건축도 아니며, 오히려 —고전주의라는 전체 구조가 의지하고 있다고 추정되는 원리들과 철저하게 모순되는— 상반된 관념에서 자신의 가장 절묘한 특성을 도출한 건축이라는 점을 강조한다. 이렇게 전면적인 주장을 제기하기에 적절한 자리가 아님에도 이를 제기하는 이유는, 도법이 어떻게 자유를 얻기 위한 촉진제가 되는가를 다시 보여주기 위해서다. 이때의 자유는 아주 독창적이고 미묘한 것이어서 오직 도법이라는 매개체에서만 부각되는 것으로, 지금까지 이를 다룬 글은 한 편도 없다.

손윗 베르트랑Ainé F. Bertrand의 〈터스칸 주두의 그림자〉(1817)는 마르세이유 에콜 데 보자르에서 그린 학교 작업이다.[1] 고전 오더들의 상세 드로잉들은 교육 프로그램의 일환으로 아카데미 내부에서 대량으로 생산되었을 뿐만 아니라 출판사들의 장사 수단이기도 했다. 다섯 오더에 대한 설명이 16세기 초부터 19세기까지 건축 문헌의 상당 부분을 차지한다. 주요한 저자들도 개인 작품이나 주요 이론서의 핵심 부분을 다섯 오더에 할애했다. 예외를 찾기 어려울 정도이다. 고전적 범주에 전혀 어울리지 않는 건물의 건축가인 구아리노 구아리니 Guarino Guarini 같이 의외의 인물들까지 오더에 대해 썼다.[19] 오더는 가장 작은 모울딩의 형상이나 크기에서 가장 큰 부분의 배치까지 고전적 건물에 대한 가장 일반적인 정보와 가장 특수한 정보 모두를 동시에 제공하는 이점을 갖고 있다. 오더에 대한 책들은, 서양 건축에 매우 균일한 외양을 부여하는 동시에 그것을 변화시키면서, 고전적 이념을 유럽 전역과 그 너머까지 확산시키는 데 지대한 영향을 미쳤다.

그런 이유 때문에 베르트랑의 드로잉은 초기 오더들에 비해 둔감하고, 규칙에 구속되고, 제약되어 있으며, 교과서적이고, 고대와 르네상스 전통에서 볼 수 있는 활달함이 결여되어 있다고 결론지을 수 있다. 이 드로잉을 같은 종류의 이전 예시 도판들과 비교하면 부정적으로 평가하게 될 것이다. 지아코모 바로치 다 비뇰라 Giacomo Barozzi da Vignola,[11] 필리베르 들로름 Philibert Delorme, 베르토티 스카모치 Ottavio Bertotti Scamozzi 및 존 슈트 John Shute 작품들의 인쇄판본 또는 1520년과 1550년 사이로 추정되는 신원미상의 건축가 스케치북에 실린 것들처럼 예전 드로잉들에서는 최소한이나마 어느 정도 자유가 허용되지만, 19세기 학교에서 작성된 드로잉은 이와 반대로 전적으로 치수

---

19 Guarino Guarini, *Architectura Civile* (Turin, 1737), 1권

건축 표기 체계

체계만을 따라 결정되어 무미건조해졌다. 그 차이는 그림자 처리에서 특히 두드러진다.

이전 드로잉들에서는 그림자가 직관적으로 스케치되었고, 설계자는 형태를 제대로 표현하기 위해 관찰력과 기억력을 총동원해야 했지만, 베르트랑은 전적으로 그림자 투사도법 sciagraphy에 따랐다. 광원의 위치만 선정되면 투영된 그림자의 정확한 선들이 자동적으로 그려진다. 그렇다면 이런 훈련을 통해 베르트랑은 자기 자신의 관찰력보다 기계적인 투사과정을 더 믿도록 배웠다고 결론 내려야 하지 않을까? 이것은 불합리한 추론으로 보이지 않는다. 베르트랑과 비뇰라를 비교하는 것이 공정하지 않을 수도 있다. 비뇰라의 예시 도판은 기둥 자체에 관심을 둔 반면, 베르트랑은 그림자 투사에 관심을 집중하기 때문이다. 베르트랑은 주두를 단지 그림자 정보를 투영하기에 편리한 작업 표면으로만 사용한다. 그러나 18세기 말에서 19세기 동안 오더에 관한 모든 예시 도판 중에서 점점 더 많은 부분이 베르트랑, 그리고 약간 뒤에 같은 학교에서 터스칸 오더 전체를 보여준 손윗 브로쉬에르Brochier l'Aîné의 사례를 따랐다는 것이 실상이다.[12] 터스칸 오더를 최대로 정확하게 작도한 다음, 조심스럽게 옅게 채색해서, 강하게 반짝이는 빛을 멋지게 입힌 석재 표면이 부드러워 보이도록 하거나 유사한 효과가 나도록 장식한다. 이런 연구를 통해 건축가들은 고전적

건축적 투사

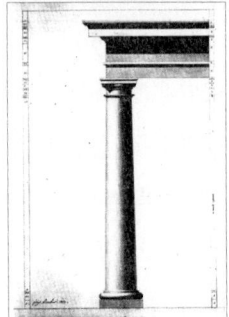

[11] 지아코모 바로치 다 비뇰라,
터스칸 오더, 1562

[12] 손윗 브로쉬에르,
로마식 도릭(=터스칸) 오더, 1823

요소들의 원천을 더 잘 알게 되었다.

최근 몇몇 이론가들은 투사도법이 더 널리 사용되면서 건축학교에서 방법으로 가르쳤던 소위 도학descriptive geometry과 건축의 합리화가 연관성이 있다고 주장했다.[20] 도학을 고안한 이는 가스파르 몽주Gaspard Monge다.[21] 그는 프랑스 혁명기에 이름을 떨친 공병학자, 수학자, 실용과학자였는데, 나폴레옹의 지원을 받아 기술교육의 급진적 개혁을 밀어붙이기도 했다. 그는 1795년 개교하여 나중에 프랑스 전역에 세워진 폴리테크닉 기관들의 모델이 된 파리 에콜 폴리테크닉의 공동 창설자였다. 이 학교에서는 건축을 공학과 산업적 직능과 함께 가르쳤다. 모든 과정의 유일한 공통과목이 바로 수학이었다.

도학은 수학적으로 엄격하게 규정된 일련의 규칙을 따르기 때문에, 이를 적용하면 최소한의 정보와 작도만으로 기하학적으로 일관된 형태들의 접점이나 교점을 공간에서

20　Daniel Guibert, *Réalisme et architecture* (Brussels: Pierre Mardaga, 1987), 2장, pp.13-23. Alberto Pérez-Goméz, *Architecture & the Crisis of Modern Science* (Cambridge, Mass.: MIT, 1983), pp.279-285. Jacques Guillerme, "La tirannia dell'idealizzazione," *Casabella*, no.520-521 (1986), pp.72-82.

21　P. J. Booker, *A History of Engineering Drawing*, pp.86-106. Daniel Bell, *Men of Mathematics* (New York: Simon and Schuster, 1965), pp.183-197.

건축적 투사

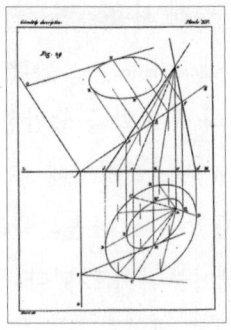 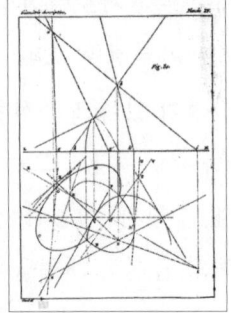

[13] 가스파르 몽주, 『도학』에 실린
　　도판 14와 15, 에칭, 1847

설명하는 것이 가능해진다. 이는 화면과 직각을 이루는 평행투사도 포함하며, 건축 드로잉을 보다 강력하게, 보다 추상적으로, 보다 일반화시킨 버전이라고 할 수 있다. 처음에 도학은 에콜 폴리테크닉들에서 건축과 함께 가르쳤고, 나중에 다른 많은 학교들의 교과과정에 추가 개설되었다.[22]

터스칸 주두에 대한 베르트랑의 그림자 투사도법에는 몽주 도학의 흔적이 뚜렷하다. 몽주는 가장 복잡한 과업에서조차 두 가지 투사만을 요구했다. 도학은 사물이 실제 무엇처럼 보이는지에는 관심을 두지 않고, 오직 기하학적으로 정의된 본체와 표면 사이의 관계를 결정하는 것만 따진다. 몽주는 그것을 점과 선만을 참고하여 성취할 수 있음을 입증하였다. 그래서 그려진 사물의 본체가 어떻게 조성되었는지는 사라진다. 남겨지는 것은 점선과 실선이 뒤엉킨 망뿐이며, 그들 중 상당수는 가상적이어서, 재현된 대상과 형태적으로 어떤 관계인지 즉각 알아챌 수 없다.[13] 점과 선만 있기 때문에 모든 것이 투명하게 그려진다. 그것이 두 가지 투사만이 요구되는 이유이다. 투사도법을 알면, 두 표면에 있는 두 점이 투사된 공간에서 제3의 하나뿐인 점을 결정하게 된다. 따라서

---

22 P. J. Booker, "Gaspard Monge and His Effect on Engineering Drawing and Technical Education," *Transactions of the Newcomen Society*, no.34 (1961-1962), pp.15-36.

도학에서 근간이 되는 도면 세트는 건축 도면의 세트와 아주 다르다. 기준면reference planes이라고도 할 수 있는 두 개의 투사면들은 편의상 서로 직각을 이루지만, 그들이 그려지는 것을 정면으로 대면할 필요는 없다. 몽주의 체계는 실체성 뿐만 아니라 정면성도 벗어난다.

그럼에도 불구하고 베르트랑의 드로잉에서 볼 수 있듯이, 새로운 시스템은 건축 용도에 맞게 적용될 수 있다. 주두의 입면과 평면의 반쪽을 구분하는 수평선을 따라 드로잉을 직각으로 접는다고 상상하면, 주두 또는 나머지 반쪽이 딱 들어맞게 접히는 것을 바로 알게 될 것이다. 도학에서는 이 접는 선이 두 가지 재현물에 고정된 관계를 부여하여, 아주 큰 이점을 얻을 수 있기 때문에 매우 중요하다. 하지만 이 경우에는 별 소용이 없는데, 여기서는 실제로 접어보지 않아도 같은 효과를 내는 몽주의 체계를 적용하기 때문이다.

그림자 선들의 궤적은 주두를 햇빛 방향에 평행하도록 얇은 편들로 절단하는 일련의 수직 단면을 이용해 그릴 수 있다. 이 기법은 원뿔을 얇게 저몄다고 앞에서 설명한 뒤러의 기법과 유사하다. 평면에서 나온 경사진 단면선들을 주두 입면의 지점들로 이으면, 이중으로 휜 곡면에 그림자가 어떻게 드리우는지 알 수 있게 된다. 햇빛이 일정 각도에서 비치면

(주두 관판과 쇠시리에서 평행하게 경사진 방향으로 드리워진 ―원본에서는 분홍색―

건축 표기 체계

그늘로 재현되어) 이중으로 휜 곡면 전반에 걸쳐 단면선의 접점들이 만들어진다. 접선 위쪽의 기둥은 햇빛을 받고, 아래쪽은 그늘에 묻히게 된다. 접점들을 연결하면, 그림자 선을 얻을 수 있다. 주신 상부에 있는 쇠시리 모울딩을 살펴보면, 이 과정을 아주 쉽게 이해할 수 있다.

    이것은 몽주 도학을 완전하게 구현한 예는 아니더라도, 기하학을 사용해서 건축 드로잉을 더 완벽하게 해결한 예라고 할 수 있다. 석재에 햇빛이 어떻게 비치는지는 그것을 그리는 방식에 의해 크게 좌우되지 않는다고 주장할 수도 있다. 고전 오더 자체의 디자인과 달리, 뭔가가 지어진 이후 발생할지도 모를 일에 대한 시뮬레이션에 불과하기 때문이다. 하지만 그래서 이 드로잉들이 그토록 흥미로운 것이다. 그 이후-효과가 주두의 형상 자체보다 더 생생하게 묘사된다. '과학적' 드로잉이 근대적 질병의 징후라는 몇몇 이론가들의 주장과는 별개로 또 다른 관점이 제기될 수 있다. 이처럼 기하학이 통상 직관적 판단이라고 유보되었던 영역에 개입하게 되면, 고전 건축에 내재된 어떤 특성들이 그 이전이나 그 이후와는 비교할 수 없을 정도로 분명하게 드러난다.

    하나의 드로잉에 이처럼 권위 있는 두 종류의 지식이 조합된 것에는 사실 어딘가 받아들이기 어려운 부분도 있다. 고전 오더의 권위와 기하학의 권위는 막강해서 그 사이에 다른 무언가를 위한 여지를 전혀 남겨놓지 않는다. 이 점에 관한 한 앞서 인용한 비평가들의 주장을 인정해야 한다. 그러나 문화적 규범과 수학적 진리가 통합되어 논박의 여지없이 완벽한 동시에 정체상태인 생산물을 산출하기 기대한다면, 그것은 헛된 일일 것이다. 최소한 내게는 그렇게 보인다.

나는 그것을 이렇게 설명하고자 한다. 역학적 구조가 한 쪽에서는 예증되고 동시에 다른 쪽에서는 반박되는 방식과 관련이 있다고 말이다. 고전 오더는 기둥과 상인방으로 이루어진 구조 체계에서 발전했다. 만약 건축 관련 이론서에서 요구되는 첫 번째 요건desideratum이 다섯 오더를 서술하는 것이었다면, 두 번째 요건은 건물의 기원을 원시 오두막부터 설명하는 것이었다. 건설 방식의 원형은 그리스 신전이었고, 그리스 신전의 선구자는 조악한 목조 주택이었다. 석조 건물에서 명확한 용도가 없는 장식적 세부들은 목조 구축으로 소급되었고, 그렇게 정당화되었다. 고전적 건물의 모든 요소는 아니어도 일부에 대해서는 이 해석의 역사적 진위여부를 평가하기 어렵다.[23] 그러나 이런 설명방식이 존재하는 것 자체가 고전 건축의 기묘한 특징을 보여준다. 구조는 그것이 무엇인가

---

23 Joseph Rykwert, *On Adam's House in Paradise* (New York: MOMA, 1972), pp.29-73.

건축 표기 체계

뿐만 아니라 그에 더해 무엇이었나까지 보여줘야 하는 것이다. 그야말로 안정성에 집착하는 상태를 암시하는 것 아니겠는가?

목조 구축을 특히 잘 연상시키는 부분은 기둥 꼭대기와 밑둥치 주변부다. 밑둥치의 토러스와 대좌(플린투스), 꼭대기의 쇠시리(아스트라갈루스), 에키노스 및 주두 관판(아바쿠스) 같이 복잡한 상세들은 원래 취약한 지점들을 보호하는 데 필요한 돌림테나 보강판에서 유래한 것이다. 따로 떨어진 기둥들과 상인방들을 결합해서 만든 구조에서는 접합부 주변이 쉽게 망가지기 때문이다. 여기가 가장 허약한 부분이다. 최초로 다섯 오더를 하나의 세트로 묶었던 세를리오의 책에서 터스칸 기둥에 대해 제일 먼저 쓴 내용이 "고대와 현대의 작품에서 많은 각기둥이나 원기둥들이 주초의 접합부 밑에 부셔져 있는 것을 발견하게 된다"[24]라는 말이다. 따라서 주두와 주초를 수사적으로 다듬는 것은 건물의 실제 구조와 완벽하게 조화를 이루는 것으로 보였을 것이다. 그들은 기호 언어의 측면에서는 구조가 안전하고 견고하다는 확신, 즉 보강이 필요한 부분들이 붕괴 가능성에 대비하여 적절하게 지지되고, 고정되고, 단단해졌다는 확신을 제공한다.

---

24 Sebastiano Serlio, *The Five Books of Architecture* (London: Robert Peake, 1611). 이 책의 1권 1장 8절을 참고하라.

건축적 투사

건장한 터스칸 오더는 견고하게 서 있을 뿐만 아니라 그러함을 의미하고 있다는 것까지 역설한다.[25] 그러나 이 두 가지 외에도 구조 해석의 세 번째 켜가 존재한다. 이는 어디서나 볼 수 있는 것이지만, 내가 아는 한, 그 어디에서도 논의된 적이 없다. 아카데미나 폴리테크닉에서 기계적으로 되풀이된 전시회나 스튜디오 드로잉을 온통 채우는 것이 바로 구조의 세 번째 의미다. 베르트랑과 브로쉬에르의 터스칸 주두를 다시 한 번 살펴보라. 그림자는 아주 정확하게, 구조 형태를 와해시킨다. 그들은 도출된 패턴을 중첩시켜서 즉 가장 단순한 주두의 윤곽선을 그 자신의 곡선 표면에 대비시켜 투영하는 투사 안에서의 투사에 의해 그렇게 한다. 그림자는 실체성도 없고, 지속되지도 않는다. 그들의 속성은 그들이 훑고 지나가는 기둥의 속성과 정확하게 상반된다. 그림자와 기둥이 공유하는 단 한 가지는 날카롭게 얼어붙은 기하학적 윤곽이다. 이는 하늘에 떠있는 강렬한 태양에서 비롯된다. 기묘하게도 그림자가 견실한 기둥에 보복을 가하는 데에는 바로 양자가 공유하는 이 한 가지 특성만으로도 충분하다.

---

[25] 건축은 견고해야 하고 동시에 견고함을 표현해야 한다는 주장이 고전 건축서에서 빈번하게 등장했음을 아래 글에서 지적하고 있다.
Marc Grignon, "Pozzo, Blondel and the Structure of the Supplement," *Assemblage* (MIT Press, 1987), pp.97-109.

비뇰라의 〈터스칸 기둥에 드리운 그림자〉는 회화적인 방식으로 첨가된 것으로, 둥글지만 단순한 형상에 대한 우리의 지각을 강화시킨다. 아마 이렇게 그리지 않았다면 직각 형상의 윤곽은 전혀 관심을 끌지 못했을 것이다. 이와 반대로 직선과 원호를 사용해 단순한 형태로 그려진 브로쉬에르의 터스칸 기둥은, 주신을 죽 따라가면서가 아니라, 강세가 큰 지점인 기둥의 양단부에서 그림자에 의해 침식된다. 분명하게 알아볼 수 있던 기하학과 기호들도, 과장된 곡선들, 기울어진 볼록 렌즈로 비춘 집중 조명, 날카롭고 방향이 일정치 않고 제멋대로 꺾인 삼각형들이 겹쳐지면 불분명해진다. 이것은 백주 대낮에 유령들이 나타나서 고전적 안정성과 결부된 이중 의미를 번쩍거리는 선들이 휘돌아 난무하는 상태로 전환시키는 것과 같다. 그것은 삽화가의 변덕 때문도 아니다. 기둥들은 강렬한 햇빛에 의해 다그쳐지다가 활발해진다. 그러나 건축에서 (가장 공통적일 뿐만 아니라) 가장 아름답고 미묘한 것에 포함되는 이 효과는 불안정한 것이 아니다. 오히려 이 효과로 인해 관찰자는 결정적 지점들에서 구조를 무감각하게 고사된 것이 아니라 활발한 상태로 상상하게 된다. 학교에서 공들여 제작된 이 드로잉들은 어떻게 빛이 어떤 종류의 의미를 모호하게 만들고, 교과과정에 포함되지 않은 또 다른 무엇인가를 제공할 수 있는지 보여준다.

7 콰드라투라:
안드레아 포초, 앤리코 하프너, 플라미니오 미노치

투사도는 고전주의와 마찬가지로 해방을 촉진시키는 매개체는 아니라고 해야 할 것이다. 오히려 제약적이고 한정적일 수도 있다는 점을 다른 시대에 속하는 무수한 사례들을 통해 입증할 수도 있다. 그럼에도 불구하고 앞에서 살펴본 사례들에서 추출할 수 있는 결론은 반드시 그렇지는 않다는 것이었다. 이에 대비되는 사례로 에른스트 메이Ernst May와 구스타브 하센플룩 Gustav Hassenpflug의 합리적인 집합주거(1932) 도면을 들 수 있을 것이다. 여기서 투사 형식은 재현하고 있는 건축에 맞춰 경제적으로 제한된 형태라는 느낌을 준다. 그러나 이 결과를 보고 놀라는 이는 아무도 없을 것이다. 우리가 찾고자 하는 것을 뻔히 예상되는 곳이 아니라 거의 기대할 수 없는 곳에서 찾아내는 것이 더 강한 인상을 남기기 때문이다. 무절제한 방종이 난무하는 것처럼 보이는 바로크와 로코코 시대 콰드라투라[26] 디자인에서도 겉모습과 달리, 투사를 사용한 디자인에서 볼 수 있는 직교 질서의 증거를 찾아낼 수 있다. 메이와 하센플룩의 작품에서처럼 아주 쉽게 식별할 수 있는 것은 아니지만 말이다.

---

26 [옮긴이] quadratura. 건축 특히 천장에 다른 공간이 이어져 있는 듯한 환영, 눈속임 그림을 말한다.

17, 18세기 콰드라투라 화가들이 그린 드로잉들의 수준은 들쑥날쑥 제멋대로지만, 그중 최상의 스케치들은 예비적인 밑그림으로만 사용될 예정이었음에도 불구하고 재능과 활기가 넘쳐서 대가의 면모를 보여준다. 콰드라투라 예술가들은 건축 골조가 완성된 이후 건물에서 작업을 의뢰받았다. 건축적 효과를 작업 현장에서in situ 탐구하는 장점이 있어서, 화가들은 화면으로 다루게 될 복잡한 표면 상태를 분명하게 파악할 수 있었다.

17세기 후반에 투시도는 유럽 전역에서 널리 받아들여져, 화가라면 투시도를 연구하는 것이 당연해졌다. 1630년대부터 투시도 기법을 다룬 이론서들이 나타나기 시작했는데, 일반적으로 예술가들이 좋아하는 정면으로 놓인 평탄한 면뿐만 아니라, 경사면, 구, 원통, 원뿔 등 온갖 다양한 표면들에 투시도 이미지를 투사하는 기법을 다루었다.[27] 이론서들에서 제안된 지식과 프레스코화로 그려진 투시도의 놀라운 기교 사이에는 연관성이 존재하지만, 그 연관성은 흔히 예상하는 것과 달리 아주 직접적인 것은 아니다. 선도적인 콰드라투라 화가들은 대부분 이탈리아인이었지만, 장 뒤브뢰유Jean Dubreuil,

---

27 Jugis Baltrusaitis, *Anamorphic Art*, trans. W. J. Strachan (Cambridge University, 1977).

지라르 데자르그Girard Desargues, 아브라함 보세Abraham Bosse, 장 프랑수아 니세롱Jean-François Nicéron, 살로몽 드 코Salomon de Caus 등이 펴낸 이론서는 대부분 알프스 너머 북유럽에서 출판되었다. 이 장벽을 극복한 사람들도 있었는데 그중 가장 뛰어난 이는 안드레아 포초Andrea Pozzo였다. 그는 로마의 성 이냐시오 성당 천장 보울트에 장대하고 어지러운 예수회 알레고리를 그렸고, 1693년에는 투시도에 관한 걸작을 출판했다. 이 책은 1707년에 영어로도 번역되었는데, 크리스토퍼 렌Christopher Wren, 존 반브러John Vanbrugh, 니콜라스 혹스무어Nicholas Hawksmoor가 소개 추천사를 썼다.[28]

이 책에서 포초는 이미지를 보울트에 투사하는 방법을 기술했는데, 이는 50년 전 데자르그가 제안한 방법이었다.[29] ① 먼저 보울트 아래 코니스 높이에 맞춰 정방형 격자로 된 그물망을 건다.[14] ② 바닥 쪽에 조망점을 선택하고, ③ 이 점에 조명을 고정시켜 그리드에서 투사된 그림자가 굽어있는 상부 보울트에 비치도록 하거나, 같은 효과를 얻을 수 있도록 고정된

---

28 Andrea Pozzo, *Perspectiva Pictorum et Architectorum* (Rome, 1693). 이 책의 영문판은 다음과 같다. *Rules and Examples of Perspective for Painters and Architects*, trans. John James (Greenwich, 1707).

29 Abraham Bosse, *Maniére universelle de M. Desargues pour pratiquer la perspective* (Paris : Des-Hayes, 1648), pp.41-42.

조망점에서 시작한 끈이 격자 그물망을 지나 천장까지 닿도록 직선으로 잇는다. 이는 줄과 지점표시기를 사용하여 지도 작성하듯 지점들을 이어 투시도 윤곽을 잡는 뒤러의 방식을 변형시킨 것으로, 이번에는 정보의 전달 방향을 뒤집어서 2차원에서 3차원으로 옮긴 것이다. 이 방법은 누구나 실행할 수 있는 것으로, 그리 이론적이진 않다. 이 방식에 따르면 그림이 그려지는 화면이 아무리 복잡해도 별 어려움 없이 프레스코 디자인을 진행할 수 있다. 포초 이론서의 나머지 부분은 관습적인 평탄면 투시도에 국한되는데, 때로는 시선이 앞이 아니라 위를 향하기도 한다.[15] 실제로 이 방식 덕분에 포초는 성 이냐시오 성당의 보울트(1691-1694)에서 네이브 정중앙 밑에서 올려다보면, 천장면들이 교차하면서 만들어진 들쑥날쑥함이 완전히 감춰지게 투시도를 그릴 수 있었다.[16] 그는 천장면들이 교차하는 중세 건축풍의 흔적이 희미하게 남아 있는 자리에, 고전 오더들이 천상의 회오리 속으로 확장되는 듯한 환영을 그려 넣었다. 하지만 투시도 공간이 실제 건축 공간에 거둔 이 승리는 피루스적Pyrrhic이다.[30] 관찰자가 중심에서 벗어나 바라보면 프레스코화는 늘어나고,

---

30 [옮긴이] '피루스의 승리'란 대가가 커서 실익이 없는 승리를 말한다.

건축적 투사

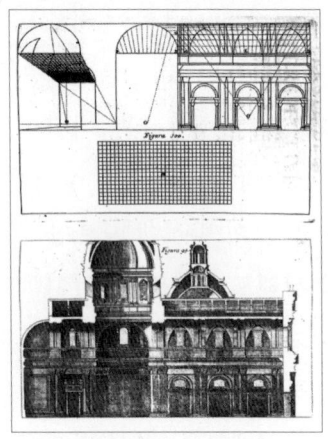 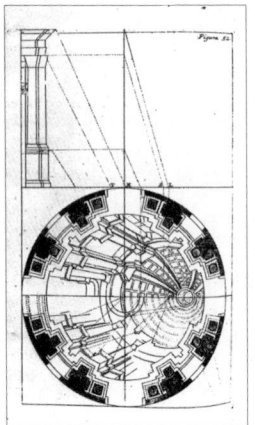

[14] 안드레아 포초, 평탄한 투시도 그림을
보울트로 투사하는 방법, 1711

[15] 안드레아 포초, 평탄한 투시도 장면을
돔으로 투사하기, 1711

찌부러지고, 구부러진 형상들이 복잡하게 일그러진 상태로 변해서, 보울트가 그림을 어떻게 왜곡하는지, 또 더 흥미로운 것은 그림이 암시하는 허구적 공간을 보울트가 어떻게 왜곡하는지 확연하게 알아볼 수 있다. 그렇지만 이 효과는 기계적으로 이룬 것이어서, 평탄면 투시도 그림의 명료한 상을 취한 후 투사선을 사용해서 그 이미지를 보울트로 연장하면, 항상 동일한 결과를 얻게 되는 것이다.

얼마 지나지 않아, 성 도미니코와 시스토 성당에 있는 유사한 보울트(1674-1675)에서 작업하던 또 다른 콰드라투라의 독창적 예술가 엔리코 하프너Enrico Haffner는, 비고전적 방식으로 넓어진 채 천장면을 횡단하는 곡면을 프레임으로 처리하여, 부풀어 번지면서 왜곡되는 건축적 환영을 가두는 방식을 취했다.[17], 31 하프너의 방식은 (천장면들 주변의) 현장 상황에 맞춰 고안된 작업과 (네이브 배럴 보울트의 나머지 부분에 그려진 아치들을 위한) 투사의 혼합을 요구했을 것이다. 이것은 포초의 방식만으로 쉽게 이룰 수 없는 것이다. 하지만 콰드라투라 예술가들이 포초가 설명한 바에 따라 부수적인 상황에 좌우되지 않고 항상 건축의 뼈대에 순응하는 투사 기법을 전면적이고 가차 없이

---

31 Rudolf Wittkower, *Art and Architecture in Italy: 1600-1750* (Harmondsworth: Penguin, 1980), pp.333-334.

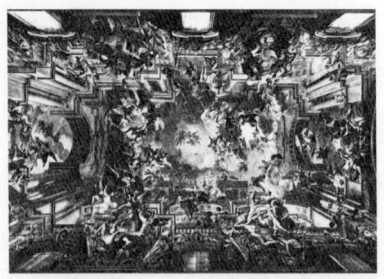

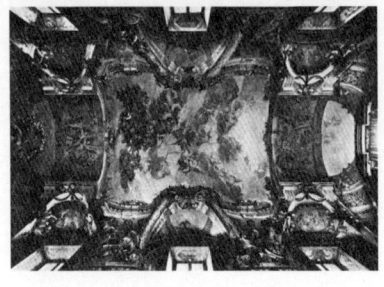

[16] 안드레아 포초, 예수회 선교 사역의 알레고리 : 로마 성 이냐시오의 네이브 보울트, 1691-1694 추정

[17] 도미니코 마리아 카누티와 엔리코 하프너, 성 도미니크의 찬양, 로마 성 도미니코와 시스토 성당 보울트, 1674-1675 추정

사용한다면서, 어째서 서로 이질적이고 양립할 수 없어 보이는 이 두 가지 작업 방식을 결합하려고 했을까?

　플라미니오 미노치Flaminio Minozzi의 드로잉은 훨씬 나중에 그려진 것이지만, 콰드라투라 화가들이 실제 공간과 그 위에 겹친 가상공간 사이의 복잡한 상호작용을 시각화하고 디자인한 방법에 대해 넌지시 알려준다. 작자 미상이지만 미노치가 그린 것으로 추정되는 이 드로잉은 화려한 세를리오풍 테두리와 안에 자리 잡은 문틀을 보여준다.[18] 이 드로잉은 콰드라투라 디자인에서 아주 흔한 관례적 표현을 적용했는데, 평탄한 종이 위에 벽 일부와 여기에 붙어 있는 천장의 공간을 펴서 마치 이어진 것처럼 그린 것이다. 디자인의 왼쪽 구석에 있는 수직선과 사선들 사이의 곡선은 완만하게 굽은 천장을 나타낸다.

　문틀과 이를 에워싸는 이오니아식 기둥은 (한쪽으로, 여기서는 오른쪽 저 너머에 소점이 있는 장면을 정면으로 한) 경사 투시도로 표시된다. 의문이 일어난다. 이 드로잉이 나타내는 것은 실제 기둥인가 아니면 평탄한 벽에 그려진 기둥인가? 효과적인 재현과 효과적인 환영을 구별하기 어렵기 때문에 이 곤란한 의문이 제기되는 것인데, 추정해볼 수 있는 해결책은 문 위에 있는 팀파눔에서 발견될 수 있다. 팀파눔 전체는 정면에서 직각으로 바라본 것처럼 그려졌지만, 맨 위에 있는 작은 종석은 예외여서 왼쪽으로 기울어진 것을 볼 수 있는데, 이는 위와 마찬가지로

[18] 작자 미상, 문틀과 그 주변을 위한 콰드라투라 드로잉, 1675-1725 추정

[19] 플라미니오 이노센조 미노치, 산 조반니 인 몬테의 예배당 장식을 위한 디자인, 볼로냐, 1780-1790 추정

관찰자가 오른쪽에서 바라보고 있다는 것을 암시한다. 더구나 굽은 천장을 지나가면서 투시도는 후방(상부)로 기울어지고, 조망점을 또다시 오른쪽 멀리 수직적으로는 이오니아 기둥의 소점 위쪽에 맞추면서 결정적으로 방향을 튼다.

  천장에서 건축은 확실히 환영적이지만, 벽에서는 그렇지 않다. 벽에도 환영이 도입되었다면, 제도사가 팀파눔을 다룬 것과 같은 방식으로 벽을 처리했을 것이다. 즉 벽을 정면에서 보게 만들어서, 문 쪽으로 걸어갈 때 현저하게 눈에 거슬리는 불일치를 피했을 것이다. 십중팔구 이 드로잉은 커다란 방의 모서리를 중앙에서 바라본 장면일 것이다. 이 특권적 위치에서 보면, 건축의 실제와 환영이 투시도에서 일체화된다. 유일하게 이 일체성에서 벗어나는 곳은 왜곡 효과를 완화하기 위해 조정한 부분인데, 이 왜곡은 사용자가 넓은 실내 공간의 주변부 특히 문 쪽으로 다가갈수록 점점 뚜렷해진다.

  볼로냐 산 조반니 인 몬테의 산티시모 예배당에 있는 회화를 위한 미노치의 디자인도 비슷한 방식으로 구축되었다.[19] 하지만 여기서 보울트는 제단 뒤쪽 벽에서 뻗어 나온 넓은 띠형으로 전개되는 반면, 인접한 두 벽은 펼쳐져서 한 면에 그려져 있다. 코니스 위에 있는 두 아치의 아랫면을 향한 투시도는 미노치가 입구 바로 안쪽에 있는 지점에서 제단을 바라보며 예배실을 상상했음을 보여준다. 두 아치 사이의 상관관계를 나타내는 유일한 표시는 아치 머리에 맞춰 몰딩을 절단한 단면에서 확인할 수 있다. 이 단면은 마치 그 옆에 펼쳐 그린 아치를 접어서 제자리로 되돌린 것처럼, 띠형 판의 왼쪽 단부를 보여준다. 이는 다시 드로잉이 그 높이까지는 직각투사 된 것임을 알려 준다. 그러나 아치에서 상부의 8각형 드럼으로 이행되는 부분의 처리는 이 독해를 믿을 수 없게 만든다. 드로잉만 보고는 지시하는 공간이 정확하게 뭔지 알 수 없지만, 드로잉이 잡종 같고 혼합된 것이 <u>틀림없다고는</u> 말할 수 있다. 이 드로잉을 직각투사도, (각지거나 곡진 표면을 펴서 평탄한 면으로 투사한) 전개도, 투시도, 또는 이들 중 한 가지 도법에 다른 도법을 일관된 방식으로 포함시킨 어떤 것으로 읽어낼 수 없다는 것이다.

콰드라투라 드로잉들의 이런 형식을 살펴보면, 화가들이 항상 맥락에 좌우되기 마련인 그들의 작품을 직각 표면에 펼쳐 놓고 고민했음을 알 수 있다. 이는 실제의 건축 구조체에 거의 일치하지만, 완전히 같지는 않다. 다시 말해, 화가들은 머릿속에 투시도 상자 같은 것을 갖고 다녀서, 일련의 평탄한 그림을 주변의 벽이나 보울트로 전송할 수 있었다는 것이다. 포초의 지도 작성하듯 지점들을 잇는 과정도 그 전송과정을 합리화시킨 것이다. 미노치의 드로잉도 동일한 형식이 특정 실내의 모양과 상황과 결부되고 그에 따라 수정되는 것을 보여준다.

8   스케치와 엑소노메트릭
그리고 새로운 드로잉의 가능성?

지금까지 고전주의가 지배한 시대를 대상으로, 투시도보다는 직각투사도 위주로 다루었다. 현대 건축 드로잉의 핵심이 이때 형성된 것은 의심의 여지가 없다. 근대 건축은 어땠는가? 고전주의에서 전승된 기법들과 사투를 벌이는 근대 건축을 기대할 수 있을까? 기대가 많겠지만 실상은 전혀 다르다. 내가 알기로, 이 문제가 붉어진 경우는 없었다. 드로잉 문제가 제기되기는 했지만, 투사를 문제 삼은 적은 없었다. 회화에서는 입체파, 미래파, 지고주의, 구축주의가 투시도의 아성을 무너뜨리기 위해 격렬하게 투쟁했다.[32] 반면 건축에서는 과거 실무의 다양한 다른 잔재들, 즉 장식, 예술, 석재 등이 공격 받았지만, 직각투사도는 어떤 공격도 받지 않은 채, 건축 사고를 전달하는 범접할 수 없는 매체로 남았다.

그럼에도 불구하고 20세기 드로잉 실무에서 최소 두 가지

---

32   사례로는 다음 책에 수록된 글을 참고하라. El Lissitzky, "A. and Pangeometry," *Russia: An Architecture for World Revolution*, trans. and ed. E. Dluhosch (Cambridge, Mass.: MIT, 1970), pp.142-149. 입체파 화가들이 다중 투시도를 사용했다고 언급되기도 하지만, 직각투사도와 같은 종류의 도법을 통해 진정한 모양을 취한다는 생각은 당시에 분명하게 표현되었다. 이에 관해서는 다음 책을 보라. Edward Fry, *Cubism*, trans. Jonathan Griffin (London: Thames and Hudson, 1966), pp.53, 71, 77-78.

중요한 변화가 일어났는데, 하나는 엑소노메트릭 투사도가 점차 강조되어서 건축 드로잉의 관습적 세트에 합류한 것이고, 다른 하나는 스케치가 더 빈번하게 사용되면서 여기에 더 공을 들이게 됐다는 것이다. 둘 다 보편적으로 쓰이지는 않았지만 관심을 기울일만한 가치가 있다.

먼저, 스케치는 독특한 현상이다. 엄격한 도구를 사용한 경우가 아니라면, 스케치가 투사도인지 아닌지 판정하기 어렵다. 스케치가 축척이 일정한 드로잉이라면 투사도라고 할 수 있다. 하지만 스케치가 아주 많은 다른 해석들을 흡수하고, 그 안에 보고 싶은 무언가를 포함하고, 애매성과 비일관성을 증폭시키는 역량을 갖는 경우에는 전혀 다른 것이 된다. 따라서 스케치를 투사도에 가깝지만 정확하지 않은 것으로 분류하는 것은 옳지 않다. 스케치와 대상의 관계는 지시보다 암시에 더 가깝기 때문에, 지금까지 논의된 드로잉들보다 훨씬 더 불확실하다. 스케치가 점점 강조되는 이유는 바로 이 불확실성 때문이다. 스케치는 모든 것을 보류 상태에 남겨두고 망설이게 만드는 방법이자, 너무 빨리 파르티parti로 넘어가기를 거부하는 방법, 즉 특정한 형상이나 모양을 확정하지 못하도록 하는 방법이 되었다. 스케치에 아주 빈번하게 적용되는 은유들은 구상, 임신, 출산이다. 여기서 보듯 스케치를 눈에 띄게 만드는 것은 아직 모양이 없고,

형태도 갖추지 못한, 배아와 같은 성격이다. 루이스 칸Louis Kahn의 베니스시 의사당 스케치 중 일부는 드로잉이라기보다 지저분한 자국에 가까워서, 선과 형상이 어느 정도까지 미정 상태로 남아 있는지를 보여준다.

 건축가마다 다른 방식으로 스케치한다는 말이 맞다. 표현적 스케치는 아주 익숙한 것인데, 여기서는 가장 중요한 감정이 역동적 필적으로 기록된다. 이 스케치에 뒤이은 건축도 가능한 한 원래 자취를 긴밀하게 따르면서, 모든 영감이 처음 몇 초 만에 쏟아지고 포착되었다는 점을 강조하려고 한다. 젊은 시절의 에리히 멘델존Erich Mendelsohn이 이 방식으로 작업했고, 한스 펠치히Hans Poelzig의 베를린 대극장 드로잉들도 같은 부류에 속한다. 칸의 스케치는 이와 다르다. 그의 스케치들은 갑자기 전혀 다른 것으로 변한다. 목탄으로 흐릿하게 그려지고 암호처럼 뭔지 알 수 없는 상태에서 갑자기 결정처럼 완전한 형체가 나타나곤 한다. 의사당의 모형은 동일한 계획안이 스케치와 다른 모습으로 갑자기 확정되는 것을 보여준다.

 말쑥한 형체가 불확정적인 스케치에서 나왔다는 실제 증거는 없다. 증거가 있다면 오히려 반대 방향에 부합한다. 칸이 나중에 의사당에 대한 처음 발상을 묘사했을 때, 그는 완성된 계획안에서 확인되는 것에 가까운 기하학적 형체로 묘사했다.[33] 스케치의 깜깜속 이면에는 마찬가지로 알 수 없는 형상이 자리 잡고 있다. 형상이 이미 그곳에 있었다는 것이다. 더구나 미켈란젤로Michelangelo와 보로미니Borromini의 건축 스케치에서는 형태를 변조하고 수정하는 수많은 펜티멘토 pentimenti[34]들이 사용되었지만, 칸의 스케치에서는 형태가 어떻게 변형되어 갔는지 알 수 없다.

칸이 건축의 측정할 수 없는 양상에 매료되어, 이를 드러내려했다는 점은 잘 알려져 있다. 바로 그 양상 때문에 스케치는 다른 형식의 건축 드로잉들과 현저하게 다른 속성을, 즉 어떤 기준으로도 약분할 수 없는 속성을 갖는다. 칸에게 스케치는 혼돈에서 질서가 창발하는 방식을 보여주는 예시이자, 질서를 발견하기에 점술을 능가하는 도구였을 것이다. 그것은 창조성이 속한 자리라기보다, 창조성을 나타내는 기호였다. 스케치가 예비적인 장치라는 것은 부수적인 표현일 뿐이며, 오히려 예술성이 활발하다는 증거를 제공한다. 칸은 (자신에게 또는 남들에게?) 몇 번이고 반복해서 하나의 원리를 부단히 상기시켜야 한다고 느꼈던 것 같다. 같은 기준으로 약분 가능한

---

33 Louis I. Kahn, *What Will Be Has Always Been,* ed. R. S. Wurman (New York: Rizzoli, 1986), pp.53-54.

34 [옮긴이] 잔상. 제작 도중에 변경하여 뭉개버린 형상이나 터치가 어렴풋이 남은 자취, 또는 아련히 나타나 보이는 원래의 형태. (출처: 네이버 사전)

건축 질서가 칸의 건물을 그토록 압도하고 있지만, 사실 그것은 어떤 기준으로도 약분할 수 없는 효과를 얻기 위한 한 가지 방법에 불과하다는 원리 말이다. 칸은 스케치들을 보존하는 데 주의를 기울였고, 이를 출판할 때 행복해했다.

드로잉에서 나타나는 기하학과 분위기의 상호보완성은 설명하려고 애쓰기보다 있는 그대로 묘사하는 것이 더 쉽다. 이런 점이 칸의 작업 방식에서 독특한 점인 것 같다. 그러나 20세기 건축 드로잉의 광범위한 전개양상은 또 다른 도법이 유사한 방식으로 극단을 향해 치닫는 모습을 보여준다. 스케치가 더 크게 강조되었다면, 엑소노메트릭 투사도도 마찬가지기 때문이다. 엑소노메트릭은 모든 형식의 투사도 중에서 스스로의 기하학적 정의에 가장 강력하게 구속되는 도법이다.

엘 리시츠키와 테오 반 두스부르흐Theo van Doesburg가 엑소노메트릭을 다듬어서 20세기에 어울리는 새로운 종류의 공간을 고안할 수 있었다고 주장한 대표적 이론가는 이브 알랭 브와Yve-Alain Bois다.[35] 1923년 베를린에 지어진 〈프라운Proun〉 공간의 평판 인쇄도는 리시츠키의 작품으로 이 이야기의

35　Yve-Alain Bois, "Metamorphosis of Axonometry," *Daidalos*, no.1 (Berlin, 1981) pp.40-58.

건축적 투사

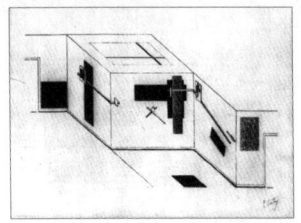

[20] 엘 리시츠키, 베를린 예술 대 전시회에 설치된 〈프라운〉룸의 엑소노메트릭 투사도, 1923

결정판이다.[20] 그는 전개도와 엑소노메트리를 아주 복잡하게 뒤섞어서 단절을 최소화하면서 방의 6개 면을 모두 표현했다. (출입구가 반쯤 표현된 양단의 느슨한 부분은 관찰자 뒤편으로 빙 돌아 접으면 다시 붙는 것으로 상상되어야 한다.) 리시츠키는 엑소노메트릭(과 아이소메트릭) 투사도의 특징적인 공간 기입 방식이 지닌 애매성을 이용하여 이를 수행했는데, 우리는 천장과 왼쪽 벽을 중앙의 2개 벽과 결합시켜 올려다보고, 바닥과 오른쪽 벽을 중앙의 2개 벽과 결합시켜 내려다보게 된다. 이전까지 이런 유형의 투사도에서 실패한 것으로 여겨졌던 애매성이 이제 긍정적인 미학적 용도로 전환된다. 리시츠키의 〈프라운〉과 두스부르흐의 〈반-구성〉이 시사하는 공간적 특질은 의심할 여지없이 새롭다. 하지만 건축으로 전향했던 이 2명의 화가가 당면했던 문제는 ―그들의 작품에서 비상한 위력을 발휘했음에도― 그렇게 새롭지 않다. 건축 드로잉에서 그토록 강력하게 현존했던 속성들을 어떻게 드로잉이 재현하는 구축물로 옮긴다는 걸까? 웬만한 것은 옮길 수 있지만, 애매하고 변동을 거듭하는 공간 기입 같은 것은 문제가 다르다. 이렇게 변동을 거듭하는 상태는 3차원으로 그대로 옮길 수가 없기 때문이다. 그것은 존 헤이덕의 동서남북 NEWS 주택 드로잉처럼 유사한 부류의 애매성을 더 정교하게 다듬은 작업이 꼼짝없이 종이 면에만 머물러야 했던 이유이기도 하다.

건축적 투사

지은이 로빈 에반스(Robin Evans)

건축가이자 건축 역사 이론학자. 영국 에식스에서 태어났다. AA건축스쿨에서 건축을 공부했고, 감옥 건축에 대한 연구로 박사학위를 받았다. AA건축스쿨과 하버드대학교 등 영국과 미국의 여러 대학에서 강의했다. 건축 표상과 기하학, 사회문화사, 예술사, 미학 등 다양한 주제와 분야를 넘나들며 미시적 접근을 통한 독창적 방식으로 건축사와 이론을 새롭게 썼다는 평가를 받는다. 대표 저작으로는 1970년에서 1990년 사이에 쓴 글을 모은 『드로잉에서 건물로의 번역과 다른 에세이(Translations from Drawing to Building and Other Essays)』(1997), 집필 중이던 저작을 사후 출판한 『투사의 자취: 건축과 건축에 사용된 세 가지 기하학(The Projective Cast: Architecture and Its Three Geometries)』(1995) 등이 있다.

옮긴이 정만영

서울과학기술대학교 건축학부 교수. 서울시립대학교에서 『건축형태의 자의적 생성에 관한 연구』로 박사학위를 받았고 일건종합건축사사무소에서 실무를 쌓았다. 건축 설계와 이론이 매개되는 지점에 서기를 원하며, 현대 건축 이론에 관심을 두고 연구하고 있다. 2003년부터 10년간 철학아카데미의 여름, 겨울 건축 강좌를 진행했으며, 한국건축역사학회 부회장을 지냈다.

건축 드로잉이 작동하는 방식

그리고 이것이
건축에서 재현의 역할에 대해
알려주는 것

소닛 바프나

소개하는 글

「건축 드로잉이 작동하는 방식」, 소닛 바포나
— 현명석 —

건축 드로잉을 포함하여 우리가 별 의심 없이 건축 작업의 범주에 포함시키는, 건축을 재현하는 사물들이 회화나 조각 등의 다른 재현 예술이나 기술에 속하는 사물들과 특별히 다르게 건축적인 까닭은 무엇일까? 다시 말해, 건축 드로잉은 어떻게 건축적인 것이 되는가? 이 질문에 대한 가장 단순한 답은 건축 드로잉이 다름 아닌 건물을 지시한다는 것이다. 예를 들어, 아직 지어지지 않은 건물의 기하학 정보를 가능한 많이 효율적으로 명시하여 그 건물을 실제로 짓기 위해 지시reference로 활용되는 실시 도면은 실제 구축에 쓰인다는 전제 아래, 명백히 건물이라는 실체를 지시하는 건축 드로잉이다. 이때 실시 도면으로서 건축 드로잉이 지닌 건축성은 그것이 지시하는 건물이 지닌 건축성과 동일하게 된다. ¶ 그렇다면 더 복잡한 질문을 던져보자. 아무리 봐도 건물이라는 실체를 지시한다고 보기 어려운, 또는 건물 지시의 기능을 수행함에 있어 한계가 명확한 건축 드로잉의 건축성은 과연 무엇이며 어디서 비롯되는가? 단적인 사례로 다니엘 리베스킨트Daniel Libeskind의 〈마이크로메가Micromegas〉(1979) 드로잉을 과연 건축으로 볼 수 있는가? 만약 건축이라면, 이러한 드로잉의 건축성은 무엇이며 어디서 비롯되는가? 리베스킨트의 드로잉을 지시로 받아들인다면 실제 건물은커녕 어떤 형태나 공간, 혹은 실제적인 무엇도 재구성할 수 없을 것이다. 따라서 애초에 그의 작업이 건축일 수 없다고 섣불리 결론 짓는 사람도 있을 것이다. 그러나 실제로 존재하거나 존재할 만한 건물을 명시하지 않거나 명시할 수 없음에도 불구하고, 보다 정확하게 표현하면 그것이 지시하는 실체로서 건물에 굳이 기대지 않더라도, 건축성을 드러내고 견인하는 건축 드로잉 사례는 건축사에 여럿 존재한다. 조반니 바티스타 피라네시Giovanni Battista Piranesi나 에티엔느루이 불레Étienne-Louis Boullée의 드로잉이 촉발하는 건축적 물성, 공간, 스케일, 그리고 의미를 떠올려보자. 소닛 바프나Sonit Bafna는 분석철학과 미학에서 재현 예술을 다루며 이뤄낸 성과에 바탕하여 건물 지시의 기능을 수행하지 않는 건축 드로잉이 어떤 방식으로 건축성을 촉발할 수 있는지를 설명한다. ¶ 바프나는 건축 드로잉이 작동하는 방식을 크게 두 가지로 구분한다. 첫 번째가 지시 대상이 되는 건물을 명시적으로 지시하는 방식이라면, 두 번째는 건축에 관한 어떤 속성을 읽고 상기시키는 방식이다. 전자의 경우 드로잉의 요소가 건물의 요소와 대응한다는 점에서 표기적 방식이라면,[1] 후자의 경우 드로잉은 어떤 건축성을 떠올리기 위한 물적 조건이 된다는 점에서 상상적 방식 즉, 드로잉이 상상을 위한 일종의 시각 소도구로 활용된다. 바프나의 관심은 결국 이 두 가지 방식 가운데 후자를 향한다. 그가 상상적 방식이 성공적으로 작동하는 사례로서 우리에게 제

---

1   여기서 표기(notation)란, 넬슨 굿맨이 그의 상징론에서 정의한 대로, 지시하는 것과 지시되는 것의 개별 요소가 통사론, 의미론적으로 분절성을 유지하며 일대일로 대응하는 상징체계를 말한다. 굿맨의 표기 개념, 그리고 이 글에서 이후 언급되는, 굿맨이 정의하는 회화, 예시, 표현 (또는 은유적 예시) 등의 개념은 이 책의 프롤로그인 「상상, 도면, 건물이 서로를 지시하는 방식」과 그 후에 이어지는 굿맨의 「건물이 의미하는 방식」, 그리고 굿맨의 글을 소개하는 김현섭의 글에서 일부 정의되어 있다.

시하는 것은 평면도와 투시도 단 두 장의 드로잉으로만 남아 있는 루드비히 미스 반 데어 로에Ludwig Mies van der Rohe의 벽돌 전원주택 계획안이다. ¶ 우리가 흔히 건축 드로잉의 미학적 의미나 가치를 말할 때, 그 근거는 대체로 두 가지 가운데 하나다. 첫째는 건축 드로잉을 회화를 그리는 과정에서 생산되는 예비 스케치 정도로 여기는 경우다. 일례로 건축가의 냅킨 스케치가 그 자체로서 미학적 자율성을 인정받아 갤러리의 벽에 걸리고 예술 비평의 대상이 되는 식이다. 이때 건축가가 냅킨 위에 빠르게 대충 그린 선은 건물의 모서리나 이음새를 지시함으로써 의미나 가치를 갖지 않는다. 이때 건축가의 선은 오히려 화가나 조각가의 예비 스케치가 그 자체로서 작품이 되었을 경우 작품 자체의 의미를 구성하는 회화적 요소로서 선과 다르지 않다. 둘째는 건축 드로잉을 실제 건물을 시각화한, 또는 시각화하기 위한 도구 정도로 여기는 경우다. 이때 건축 드로잉의 미학적 가치는 드로잉이 지시하는 실제 건물의 미학적 가치로부터 비롯된다. 흥미로운 사실은, 바프나가 사례로 드는 미스의 벽돌 전원주택 드로잉이 위의 두 경우 모두에 해당되지 않는다 점이다. 벽돌 전원주택이라는 어떤 건물을 지시하는 듯 보이는 미스의 평면도와 투시도의 주된 가치는, 다른 무엇보다도 실제로는 존재한 적 없는 그 건물이 줄 법한 어떤 건축 경험을 대신 드로잉이라는 시각적 매체를 통해 제공한다는 데 있다. 미스의 드로잉은 이때 자율적일 수 없다. 다른 한편으로, 이 드로잉을 보면서 느끼는 건축 경험, 예를 들어 "초점의 부재"나 "무한한 확장성" 등으로 대표되는 특질의 인지는, 바프나에 따르면, 실제로 이 드로잉이 시각화하는 건물의 심상과 무관하게 촉발된다. 벽돌 전원주택 평면도와 투시도가, 실은 그것이 부분적으로 그리고 불완전하게 지시하는 건물이 줄 법한 경험과 무관하게, 그것 자체로서 인상적 건축 경험을 제공한다는 말이다. 여기에 더해, 바프나는 이 평면도와 투시도가 실은 서로 합치하지도 않으며, 일관되게 하나의 건물을 지시할 수도 없음을 지적한다. 간단히 말해, "초점의 부재"나 "무한한 확장성" 등은 벽돌 전원주택이라는 건물 이전에 이미 드로잉만으로 촉발되는 건축 경험이라는 것이다. ¶ 따라서 바프나의 일차적 목표는 미스의 벽돌 전원주택 드로잉, 또는 그것과 유사하게 자율적이지도, 표기적이지도 않은 건축 드로잉이 어떻게 건축적인 무언가를 담아내고 보는 이로 하여금 그것에 집중하도록 유도하는지에 대한 대안적 가설을 제시하는 것이다. 우선, 그의 가설은 상상을 유도하는 방식으로 작동하는, 주로 프레젠테이션을 위해 제작된 벽돌 전원주택 드로잉과 같은 부류가 지향하는 지점이 건물의 구체적 심상이 아니라는 것을 전제로 한다. 드로잉 보기 또는 읽기의 종착점이 실은 건물이 아니라는 뜻이다. 대신 바프나가 제시하는 가설은, 상상적 방식으로 드로잉을 보거나 읽는 행위의 본질이 오히려 어떤 특별한 **시각적 집중**visual attention을 촉발한다는 데 있다는 것이다. 상상적 방식으로 작동하는 드로잉이 이끌어내는 것은 결국 실제 건물이나 그것의 심상이 아닌 보는 이의 특별한 집중, 곧 그가 드로잉을 보고 읽는 태도의 전환인 셈이다. ¶ 그렇다면 건축 드로잉은 어떤 방식으로 보는 이의 특별한 시각적 집중을 유도하는가? 그리고 이때 보는 이의 집중이 향하는 건축 드로잉의 속성은 구체적으로 무엇이며, 집중을 통해 생성되는 건축적인 것, 곧 건축 의미체는 과연 무엇인가? 이 질문에 답하기 위해 바프나는 마이클 포드로 Michael Podro 등이 제안한 "묘사 depiction"와 "형성작용 formulation"의 개념을 끌어온다. 넬슨 굿맨의 어법에 따르면, 묘사란 통사론적이고 의미론적으로 공히 비분절적인 회화적 재현의 방식이다. 이때 포드로가 묘사의 역할로 특히 주목하는 것은 그것이 보는 이의 이중적 보기를 유도한다는 점이다. 여기서 이중적 보기란, 묘사를 통해 재현되는 대상에 대한 집중과 묘사를 위해 구체적으로 활용되는 테크닉이 구성하는 매체 표면, 곧 그 만듦새에 대한 집중이 번갈아 또는 동시에 일어나는 것을 말한다. 묘사가 어째서 이중적 보기를 추동하는지를 좀 다르게 설명하면 다음과 같다. 묘사가 구현되는 매체는 질료적 조건인 동시에, 그 매체 자체로서 묘사에서 비롯되는 어떤 구체적 꼴을 가질 수 있다. 이러한 매체의 꼴은 묘사를 통해 재현되는 대상의 꼴과 상호작용이 가능하며, 이러한 상호작용이 결국은 이중적 보기인 것이다. 작품의 의미체는 이러한 상호작용 또는 이중적 보기를 통해 형성된다. 이러한 구도에서 의미체는 단지 재현되는 대상에 관한 것도 아니요, 매체 자체의 질에 따라 결정되는 것도 아니다. 의미체는 작품 제작에서 묘사적 재현이 발생하는 절차, 곧 그 형성작용에 보는 이가 관여함으로써 발생하는 작품의 의미다. ¶ 다시 미스의 이야기로 돌아와서, 그는 벽돌 전원주택 계획안을 통해 벽돌이라는 질료를 근거로 하는 새로운 근대 건축 양식을 제시하고자 했다. 바프나가 특히 목표로 삼는 것은 미스의 기획이 그의 드로잉을 통해 어떻게 성공적으로 실현되었는지, 위에 설명한 의미체 생산 메커니즘의 틀 안에서 미스의 계획안이 어떻게 구체적으로 건축 의미체를 생성하는지를 규명하는 것이다. 이를 위해 바프나는 글의 후반부에서 벽돌 전원주택 평면도와 투시도가 성공적으로 작동할 수 있었던 구체적 전략, 곧 드로잉의 어떤 면이 건축가의 기획에 부합하도록 관객의 시각적 집중을 끌어내고 유지시킨 방식을 밝히고, 더불어 시각적 집중을 통한 관객의 상상과 참여로 재형성되는 건축 의미체가 무엇이었는지를 논한다. ¶ 요약하면 벽돌 전원주택 평면도는 당대 아방가르드 예술, 구체적으로 테오 반 두스부르흐Theo van Doesburg의 회화 작품과 형식적으로 비슷한 까닭에, 동시대 예술이 천착했던 미학적 문제 의식을 미스라는 건축가가 공유하고 있다는 하나의 선언으로 작동한다. 무한히 뻗어가는 다양한 선의 구성으로 읽을 수 있는 이 평면도는 데 스테일De Stijl 회화의 꼴을 묘사함으로써, 당대 가장 전위적이었던 예술 양상에 민감하게 호응하던 관객층으로 하여금 그 혁신적 구성에 몰두하도록 유도한다. 이러한 시각적 집중을 통해 평면도에 내재된 회화 형식과 그것에 관한 의미체는 결국 건축 공간과 그것에 관한 의미체로 전환되는데, 이는 곧 드로잉이라는 매체의 특질로서 유추 또는 은유되는 건축 의미체라 할 수 있다. 한편, 벽돌 전원주택 투시도가 재현으로서 취하는 시점과 배치의 양상은 당대 관습적 교외주택 유형, 곧 란트하우스landhaus가 재현되는 양상을 떠올리게 하며, 따라서 이 투시도는 미스의 계획안을 익숙한 전통적 주택 유형의 맥락 안에 위치시킨다. 결국 미스의 평면도와 투시도는 드로잉의 특정 매체적 속성에 대한 관객의 집중과 참여를 유도하여, 한편으로는 급진적 혁신, 다른 한편으로는 관습적 맥락에 속하는 상반된 의미를 견인해내는 데 성공한다. 이렇듯 드로잉을 통해 건축 의미체를 형성하는 방식은 그 드로잉이 건축의 특정한 속성을 직접 소유하고 지시한다는 점에서 굿맨이 말하는 예시exemplification, 더 나아가서는 은유적 예시 또는 표현expression의 사례가 된다. 또한 드로잉의 형식이 관객의 수용 태도 전환을 유도함으로써 드로잉의 의미가 전환된다는 점에서, 아서 단토Arthur Danto가 말하는 변용transfiguration의 사례이기도 하다.[2] ¶ 건축 드로잉 혹은 더 넓은 의미에서 건축 재현이 어째서 건축적인지에 대한 바프나의 답은 건축 재현 형식에 관한 문제와 그 재현을 보고 읽는 이가 취하는 태도의 문제를 모두 담고 있다. 첫째로, 묘사는 결국 매체적 수사rhetoric라 할 수 있으며, 이는 곧 매체의 형식에 대한 문제로 귀결된다. 서로 다른 매체를 오가는 묘사, 예를 들어 건물에 대한 묘사와 드로잉 자체로서 묘사가 합치되는 과정은 한 매체의 이슈를 다른 매체의 이슈로 재형성하는 과정이다. 이때 수사의 역할은 절

---

2   아서 단토의 변용에 관해서는 다음을 참고하라. Arthur C. Danto, *The Transfiguration of the Commonplace: A Philosophy of Art* (Harvard University Press, 1981). 아서 단토, 『일상적인 것의 변용』, 김혜련 옮김, 한길사, 2008.

대적이다. 둘째로, 이러한 재형성의 과정이 보다 구체적 건축 의미체의 인식으로 이어지기 위해서는, 보는 이가 그의 앞에 놓인 건축 드로잉에 상상적 방식으로 참여해야만 한다. 보는 이가 특정한 의미체를 읽기 위해서는 드로잉을 특정한 방식으로 읽어야 함을, 드로잉 안의 특정 측면에 특정한 방식으로 집중해야 함을 말한다. 그리고 보는 이가 형성하는 보기의 틀에 따라 의미체 역시 변할 수 있음을 뜻한다. 표기적이지 않고 상상적인 방식으로 건축 의미체의 생산에 기여하기 위해서 건축 드로잉은 건축과 공유하는 건축성을 고유의 매체로서 예시하는 동시에, 그 건축성에 대한 보는 이의 시각적 집중을 유도하고 지속시킬 수 있는 전략을 품고 있어야 한다. ¶ 이 글이 건축 담론에 기여하는 또 다른 지점은 건축 재현을 분석적으로 이해하고 접근할 수 있는 방법론, 다시 말해 건축 재현의 다양한 층위와 미세한 뉘앙스를 읽어낼 수 있는 틀을 제공하는 것이다. 바프나는 글의 끝부분에 자신의 보다 큰 기획을 넌지시 드러내는데, 이는 곧 우리가 이해하는 건축 경험에 대한 근본적 재고다. 바프나는 실제 건물에 대한 건축 경험이 과연 드로잉 등의 건축 재현을 통해 형성되는, 게다가 다른 어떤 감각보다도 시각에 의해 촉발되는 건축 경험과 과연 근본적으로 다른지를 묻는다. 결국 실체는 감각으로 매개될 수밖에 없고, 감각 가운데 가장 강렬한 것은 시각이기 때문이다.

원문 출처: Sonit Bafna. "How Architectural Drawings Work - and What That Implies for the Role of Representation in Architecture," *The Journal of Architecture*, vol. 13, no. 5 (2008), pp.535-564.

건축 드로잉이 작동하는 방식

그리고 이것이
건축에서 재현의 역할에 대해
알려주는 것

소닛 바프나

초록

건축 드로잉의 상상적 활용과 표기적 활용을 구분한다. 미스의 벽돌 전원주택 계획안 사례를 통해 드로잉은 주로 그것이 상상의 방식으로 작동할 때 자립적 건축 작품이 된다는 점을, 그리고 드로잉이 시각적 집중의 특별한 태도를 활성화시킬 때 그러한 작품으로 기능한다는 점을 주장한다. 여기서 집중이란, 실제로 존재하지는 않지만 여전히 명제적 사고에 반응하는 객체와 구상에 대한 끊임없는 지각적 파스$_{parse}$[1]를 통해 이루어진다는 점에서, 본질적으로 시각적인 재현 또는 묘사 행위다. 이어서 철학, 인지과학, 예술 비평 분야의 최근 몇몇 연구를 참고하여, 이러한 재현 방식을 통해 드로잉을 보는 행위가 어떻게 심미적 경험의 대표적이고 고유한 측면인 상상을 통한 참여로 이어질 수 있는지를 설명한다. 이러한 묘사를 통한 재현의 활용과 개발은, 역사적으로 프레젠테이션을 위한 드로잉뿐만 아니라 건물의 시각적 측면을 디자인하는 데 역시 활용되어 왔다. 따라서 재현의 목적은 건물 등의 인공물을 활용해 특정 명제를 언술하기보다는 상상을 통한 참여를 지속시킬 수 있는 지각 구조를 부여하는 데 있다.

---

1 [옮긴이] 여기서 '지각적 파스'란, 시각 체계가 형태를 부분의 결합으로 분석하고 인식하는 활동을 말하는데, 이러한 파스 행위는 보는 이의 의지와 무관하게 체계에 이미 내재된 지각 규칙을 따른다.

서문

나는 이 글에서 건축 재현의 기능을 논하고자 한다. 건축 드로잉, 그중에서도 특히 프레젠테이션 드로잉, 곧 디자이너, 의뢰인, 비평가 등이 건축 프로젝트의 특질을 설명할 때 활용하는 드로잉을 논하면서 시작한다. 나는 이러한 부류의 드로잉이, 실제로 비판적 집중이 향하는 건물을 투명하게 묘사하는 것으로 기능하기보다, 드로잉이라는 인공물 자체를 향하는 특별한 주목 방식을 촉발한다고 주장한다. 이러한 읽기 방식을 통해 건축 드로잉은 하나의 건축 작품으로 스스로 설 수 있다.

건축 드로잉이 자립적인 작품이 될 수 있는지를 묻는 것은, 다른 분야의 예술가와 달리 건축가의 작업은 최종 결과물의 매체와 다른 매체를 통해 이루어지기 때문이다. 로빈 에반스는 자신의 에세이 「드로잉에서 건물로의 번역Translations from Drawing to Building」에서 이것이 건축만의 특수한 조건이라는 점을 지적했다.

> 나는 곧 건축가의 노동이 이루어지는 조건이 일견 독특하게 불리하다는 점을 깨달았다. 건축가는 결코 그가 생각하는 대상이 되는 사물을 직접 다루지 않으며, 항상 어떤 매체, 곧 대부분의 경우 드로잉을 개입시켜 그것을

다룬다. 반면 화가나 조각가는, 예비 스케치나 예비 모형 제작에 시간을 할애하는 것 외에는 그의 집중과 노력이 자연스럽게 투입되는 사물 자체를 직접 다룬다.[2]

건축가의 집중과 노력 대부분이 투입되는 드로잉과 모형에는 실제 건물이 지닌 풍요로움이 없다고, 그리고 건물이 세계에 관여하는 만큼 드로잉과 모형은 역할을 수행할 수 없다고 생각했던 에반스는 건축가의 작업이 불리한 조건 속에 놓여 있다고 보았다. 그리고 드로잉과 모형을 스스로 설 수 있는 작품으로 인정한다면, 따라서 건축가에게 그의 실제 작업 대상에 한해서만 직접 접근을 허용한다면, "경제, 사회, 정치 질서 속에서 현재 번성하고 있는 건축"을 다룰 수 있는 건축가로서 권리가 축소될 수밖에 없다고 주장했다. 이러한 주장 속에서 제기되는 문제에 대한 에반스의 답은, 결국 건축 드로잉을 건물이라는 최종 형태의 불완전한 기록으로 인정하는 것이었다. 에반스는 건축을 드로잉만으로는 온전히 규정되기

---

[2] Robin Evans, "Translations from Drawing to Building," *Translations from Drawing to Building and Other Essays* (MIT Press, 1997), p.156. 이 섹션의 뒷부분에서 인용한 에반스의 두 문장 역시 같은 글의 157쪽과 186쪽에서 가져왔다. 다음 책도 참고하라. Robin Evans, *The Projective Cast* (MIT Press, 1995).

어려운 시각 예술 작품, 곧 대부분 미니멀리즘 예술 운동과 유사하다고 여겼다. 따라서 그는 자신의 저서 『투사의 자취』에서 추상 드로잉에서 실제 세계, 곧 건물로 시각적 사고가 번역되는 가운데 발생하는 복잡성에 대한 인식이 건축에서 기하학이 갖는 역할에 대한 유효한 통찰로 이어지는 역사적 순간들을 추적했다.

에반스가 드로잉 자체보다 드로잉과 건물 사이의 번역에 관한 탐구에 몰두한 것은 드로잉이 단지 '여기서 저기로 생각을 실어나르는 운반 수단'이 아니라는 확신 때문이었으며, 나는 이러한 에반스의 생각에 전적으로 동의한다. 그러나 그로부터 에반스가 도출하는 결론, 곧 드로잉 자체가 개념적인 건축 의미체content를 담기 어렵다는 주장에는 동의하지 않는다. 오히려 여기서 도출될 수 있는 결론은 단지 드로잉과 생각이 맺는 관계가 복합적인 것이며, 또한 다른 두 가지 개체 사이의 이러한 관계가 임의적이고 가변적인 것 이상이라는 것뿐이다. 나는 드로잉 작업이 드로잉에서 건물을 향하는 번역 작업에 버금가는 건축 행위가 될 수 있다고 주장한다. 이것이 바로 내가 이 글에서 특정하여 다루는 논제이며, 이를 위해 나는 애초에 건물로 번역될 것을 결코 심각하게 고려하지 않은 드로잉으로서 프로젝트를 살펴볼 것이다. 덧붙이면, 이 글에서 전개되는 건축 드로잉의 기능에 관한 논의는, 건축 드로잉이 어떻게 의미를 생산하고 담아내는지에 관한 고찰을 넘어, 건물이 건물 자체로서 또한 어떻게 의미를 생산하고 담아내는지에 관한 고찰로 이어진다. 건축 드로잉이 작동하는 방식을 이해하는 것은 건축 또는 그와 비슷한 시각 매체가 어떻게 생각을 매개하는지를 일반론으로 제시하는 데 도움이 될 것이다.

건축 드로잉에서 지시의 두 가지 종류

건축 드로잉을 가장 직접적으로 활용하는 방식은 그 대상이나 소재를 특정하여 명시하는 것이다. 대부분의 건설 도면, 예를 들어 건축 인허가를 위해 제작된 도면이 여기에 해당된다. 이러한 활용 방식은 표기적 활용이라 할 수 있다. 여기서 "표기"란 넬슨 굿맨이 『예술의 언어들』에서 처음 제시한 개념이다.[3] 굿맨은 이 책에서 상징에 관한 일반론을 정립하고자 했으며, 회화, 기술적descriptive 텍스트, 과학이론, 악보 등을 포함하는 모든 종류의 재현 현상을 하나의 분석적 기술로서 설명하고자 했다. 이러한 모든 현상을 아우르는 이론을 통해 굿맨은 각종 재현이 작동하는 다양한 방식을 매우 설득력 있게

---

3 Nelson Goodman, *Languages of Art* (Hackett, 1976), p.219. 굿맨은 177-221쪽에서 예술의 상징체계를 다양한 유형으로 구분한다.

구분하고 밝혔으며, 예를 들어 어째서 회화는 위조가 가능한 반면 시는 위조가 불가능한지에 대한 물음에 답을 제시했다.

굿맨의 이론에 따르면, 모든 재현은 두 영역 사이에 발생하는 체계적 매핑 가운데 하나의 개별적 순간이다. 곧 재현은 작품이나 인공물 영역을 구성하는 개별 문자character가 재현되는 세계의 특정 측면과 체계적으로 관계 맺는 방식의 한 사례다. 어떤 재현을 다른 재현과 구분할 때 핵심은 그것을 구성하는 문자의 체계를 구체적으로 규명하는 것이다. 재현을 구성하는 문자는 서로에 대해 분절적이며 셀 수 있는 것일 수도 있지만, 조밀하게 조직되어 셀 수 없는 것일 수도 있다. 마찬가지로 문자는 그것이 지시하는 영역의 분절적이고 명백한 측면에 일대일 방식으로 매핑될 수도 있지만, 비분절적 지시 대상에 매핑될 수도 있다.

굿맨이 보기에 건축 드로잉은 음악에서 사용되는 악보로 대표되는 표기의 범주에 포함된다.[4] 굿맨의 어법으로 말하면, 악보 체계에서 상징은 온전히 분절적이며 상징이 지시하는 것 역시 분절적이다. 그러나 굿맨은 건축 평면도가 경우에 따라서는 스크립트로 작동한다는 것을 인정했다. 굿맨의 표기 이론은 특정 작품을 그것과 비슷한 것들 사이에서 골라내고자 할 때, 그 작품이 악보나 스크립트로 지시될 경우 어째서 모호하지 않게 판별될 수 있는지, 반면 회화의 경우 어째서 이러한 판별이 모호해질 수밖에 없는지를 명료하게 지적하고 설명하기 위해 개발되었다.

굿맨이 표기 이론을 개발한 이유는 악보나 스크립트의 범주에 속하는 특정 작품의 경우, 그 작품과 유사한 다양한 복사본들 중에서도 모든 사람이 이것들을 한 작품으로 특정할 수 있는지, 반면 회화의 경우에는 어째서 그럴 수 없는지를 지적하고 설명하기 위해서다. 바로 전자의 역할을 수행하는 것이 앞서 언급한 건축 드로잉, 예를 들어 건설에 필수적인 상세를 명시하거나 견적을 내거나 건축 법규 검토에 활용되는 도면이다. 건축 드로잉이 이렇게 활용될 경우 굿맨은 드로잉이 그것이 투사하는 건물을 단지 명시하기만 하면 충분하다는 점을 분명히 밝힌다. 건축 드로잉이 건물의 외관을 보여주려고 묘사의 방식을 취할 필요가 없다는 말이다. 이때 드로잉이 건물을 묘사하는지 여부는 실제로 부수적인 문제다. 그런데 이러한 구분은 실무보다는 원론의 층위에서 더 뚜렷하다. 오로지 명시화specification에 몰두하는 드로잉조차 묘사하는

---

4 "따라서 드로잉은 대개 스케치로, 치수는 대개 스크립트로 간주되지만, 특히 건축 평면도에 포함되는 드로잉은 디지털 다이어그램으로, 그리고 치수는 악보로 간주될 수 있다." Goodman, *Languages of Art, op. cit.*, p.218. 이때 굿맨이 논하는 것은 건물을 짓는 중에 활용되는 실시 도면에 국한된 듯하지만, 이 점을 그가 뚜렷이 밝히지는 않았다.

대상을 시각화하는 것은 분명 도움이 된다.

    그러나 드로잉이 이러한 시각 소도구prop로서 작동하는 것이 본연의 명시적 역할 수행에 필수적인 것은 아니다. 실제로 건물을 짓는 주체가 지어지는 건물을 시각화하여 인식하지 못한 상태로 순수하게 기계적 절차에 따라 드로잉에 명시된 바를 해석하여 건물 짓기의 지침으로 삼는 것이 가능하다. 최근 등장하여 목재 가공이나 공작fabrication에 활용되는 컴퓨터 구동 기계, 예를 들어 3D 프린터나 레이저 커터를 보라. 이를 뒷받침하는 잊지 말아야 할 실무적 측면이 있다. 실시 도면을 읽을 때 항상 따라붙는 요구 사항은 아무리 도면이 스케일에 맞추어 정확히 그려졌다 하더라도, 필요한 치수를 측정하기 보다는 읽어야 한다는 점이다.

    그러나 건축 드로잉이 표기로서 활용되지 않아서 굿맨의 이론으로는 그 특성을 설명하기 어려운 경우가 있다. 루드비히 미스 반 데어 로에Ludwig Mies van der Rohe의 널리 알려진 벽돌 전원주택 계획안 드로잉 두 장을 보라.[1] 이 두 장의 드로잉이 그려진 배경은 다음과 같다. 이 계획안은 미스가 1920년대 초반 베를린에서 활동하며 영감을 얻던 혁신의 시기에 만든 5개의 계획안 가운데 하나다. 이 시기는 미스가 능숙하게 디자인하던 의뢰인 중심의 보수적인 주택 설계에서 벗어나, 건축을 근본에서부터 새롭게 사고하는 아방가르드 기획을 따라 자신의 실무 방향을 바꾸던 때였다. 5개의 계획안 가운데 건물로 지어진 것은 없으며, 실제로 이들 계획안은 애초에 현상설계나 전시 출품을 위해 만들어졌으나, 당대 여러 잡지에 게재되면서 비평 대상으로 큰 주목을 받았다. 이들 계획안의 개념은 모두 공상적이고 도식적이며, 주로 특정 건축 질료의 구조성과 축조술에 기반한 건축 양식의 가능성을 탐구하는 데 관심을 두었다.

벽돌 전원주택 계획안의 역사에서 한 가지 유의할 것은 관련 정보가 부족하다는 점이다. 미스가 짧게 언급한 것 외에 이 계획안에 관한 자료는 단 두 장의 드로잉이 전부이며, 이조차 원본은 아주 초기에 분실되었다. 지금은 원본을 촬영한 네거티브 프린트와 당대 출판되었던 도판으로 남아 있을 뿐이다.[5] 이 계획안을 향했던 당대의, 그리고 지금까지 이어지고 있는 비평적 찬사는 모두 이 두 장의 드로잉을 근거로 한다.

이들 드로잉은 명백하게 표기적이지 않다. 건물을 특정하기 위해 필수적인 명시적 정보가 드로잉 안에 충분히 자세하게 담기지 않았고 스케일, 치수, 건물이 놓인 방향 따위를 알려주는 표식이 없다. 벽 두께, 문 위치, 바닥면의 범위와 같은 몇몇 디테일은 흐릿하거나 모호하며 아직 결정되지 않은 듯하다. 상층부 전체는 평면도가 아예 없으며, 개략적인 윤곽만 투시도에 부분적으로 묘사되어 있을 뿐이다. 실제 지어질

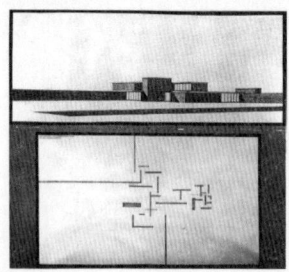

[1] 미스 반 데어 로에,
벽돌 전원주택 계획안, 1924

형태를 명시하는 정보가 모호하고 불완전하다.

그러나 당연하게도 건물을 명시하는 것은 이들 드로잉의 기능이 아니다. 건물이 없는 상황에서 보는 이가 건물에 대한 판단을 할 수 있도록 돕는 대체재의 역할을 하는 전시 출품작 정도로 보아야 한다. 이들 드로잉과 건물 사이의 관계는 악보와 공연 사이의 관계보다는 예비 스케치와 회화 사이의 관계에 조금 더 가깝다. 이러한 드로잉 읽기에서 두드러지는 특징은 기계적 절차를 통해 그 읽기가 완수될 수 없다는 점이다. 이러한 방식의 읽기는, 표기로서 읽기와 대조되는 상상으로서 읽기다. 상상으로서 읽기는 예를 들어 평면도에 묘사된 벽 따위의

---

5 [1]에 소개된 두 장의 드로잉은 만하임 미술관에 소장된, 1925년에 제작된 것으로 추정되는 네거티브에서 인화된 사진이다. 이 사진들의 다른 복사본이 뉴욕 현대 미술관에 소장되어 있는데, 여기에는 덧칠을 한 흔적이 있다. 1960년대 중반에 시카고의 일리노이 공과대학교 학생들이 이 평면도의 수정안을 제작했다. 원본에는 없는 상당한 양의 디테일이 추가되고 변형된 이 수정안은 Werner Blaser, *Mies van der Rohe: Kunst der Struktur* (Zurich Artemis Verlag, 1965)에 처음 게재되었다. 이들 드로잉의 다양한 버전을 모두 수록한 목록은 다음을 참고하라. Wolf Tegethoff, *Mies van der Rohe: Villas and Country Houses* (New York: MoMA, 1985), p.37. 원본은 *Mies van der Rohe: die Villen und Landhausprojekte* (Essen: R. Bacht, 1981)이다. 이 계획안이 미스 건축의 전체 맥락에서 차지하는 위상에 관해서는 미스 전기의 모범이라 할 수 있는 프란츠 슐츠의 다음 책을 참고하라. Franz Schulze, *Mies van der Rohe: A Critical Biography* (Chicago: The University of Chicago Press, 1985).

드로잉 요소를 단순히 다른 매체로 재생산하는 과정이 아니다. 상상으로서 읽기 방식은 종종 애초에 명시되지 않은 재현되는 건물 요소나 양상, 예를 들어 벽과 벽 사이에 발생하는 통로의 어떤 구체적 양상 따위를 예화하여instantiate 드러내거나, 드로잉의 어떠한 특정 요소에도 종속될 수 없는 특질, 예를 들어 투시도를 통한 장면 구성에서나 인식될 수 있는 수평성 따위를 드러내도록 기능한다.

따라서 표기로서 드로잉 활용과 상상을 촉발하기 위한 드로잉 활용을 구분하는 바탕에는 시각을 통해 지시가 이루어지는 두 가지 다른 방식이 전제된다. 굿맨의 틀을 빌어 말하자면, 첫 번째 방식은 이미 지정된 지시하는 요소가 이미 지정된 지시되는 대상에 부합하는 기계적 과정을 따른다. 상상적 활용의 전제가 되는 두 번째 방식의 경우, 드로잉으로부터 재현되는 대상을 향하는 매핑은 "조밀dense"하게 이루어진다. 다시 말해 드로잉은 열거 가능한 개별 문자로 구분될 수 없으며, 문자가 무엇이든 그것이 매핑되는 대상, 곧 묘사되는 건물의 특정 면모는 명백하게 분별될 수 없는 종류의 것이다. 곧 드로잉은 통사론적으로 그리고 의미론적으로 조밀하다. 따라서 이러한 매핑은 조밀한 동시에, 굿맨이 "충만함repleteness"이라 부르는 또 다른 특질을 갖는다.

충만한 매핑에서는, 문자의 모든 측면이 그 문자가 어떤 의미를 세우는 데 있어 결정적 역할을 한다. 그러므로 벽돌 전원주택 평면도와 같은 드로잉에서는 선 두께나 색상 변화 또는 그 부드러움의 정도와 같은 모든 요소, 또는 적어도 상당 부분이 중요한 인자가 되며, 드로잉이 갖는 핵심 속성을 희생하지 않고 그 드로잉의 특정 양상을 다른 것으로 대체하는 것은 불가능하다. 이러한 드로잉은 그 충만함으로 인해 지속적으로 변화하는 값을 나타내는 선 그래프처럼 역시 통사론적으로 그리고 의미론적으로 조밀한 매핑에 기반한 다이어그램과도 구별된다. 굿맨의 분류에 따르면 이렇듯 충만한 드로잉은 악보도 아니고 스크립트도 아닌 스케치다.[6] 그리고 스케치의 전제가 되는 시각 지시 방식을 굿맨은 "시각적 재현", 곧 "묘사"의 고유한 측면이라 여겼다.

명시적 드로잉과 묘사적 드로잉을 구분할 때 우리가 굳이 지각 문제를 다루는 굿맨의 관점을 따를 필요는 없다. 우리의 주된 관심은 상징 형태에 관한 일반론에 있기보다 시각으로 지시가 구축되는 두 가지 방식의 차이를 분명히 하는 데 있다. 이러한 구분의 필요성은 시각 재현이나 묘사를 정의하고자 하는 다른 시도에서도 언급된 바 있다. 리처드 월하임Richard

---

6 Goodman, *Languages of Art* (Hackett, 1976). 이 책에서 조밀함에 관해서는 130-141쪽을, 충만함에 관해서는 228-230쪽을, 그리고 상징으로서 스케치의 정의와 기능에 관해서는 198쪽을 참고하라.

Wollheim은 묘사적 보기가 그가 "안에서 보기seeing-in"라 부르는 독특한 메커니즘을 작동시킨다고 주장했다. 이것은 보는 이가 어떤 그림을 직면할 때, 보는 이는 그 그림이 단지 표면 위 표식들일 뿐임을 잘 알고 있음에도 그 안에서 구체적 상을 보지 않을 수 없다는 말이다.

이러한 그림 읽기는 보는 이의 '타고난 지각 능력'에 기대지 않는 읽기, 곧 지도, 도표, 로고, 건축 도면 등을 읽을 때처럼 이미 정의된 관습에 의존하는 읽기 방식과 다르다.[7] 켄달 월튼은 묘사를 통한 재현을 "믿는 체make-believe하는 지각 게임의 소도구"로 활용할 수 있는 그래픽 개체로 정의하는데, 이 역시 두 가지 다른 읽기 방식 사이의 구분을 확인시켜 준다. 월하임과 달리 월튼에게는 관습성의 여부가 구분의 중요한 기준은 아니다. 월튼에게 묘사적 시각체와 비묘사적 시각체의 구분이 중요한 이유는 그것이 믿는 체하기 게임이 풍부하고 생동감 있는 경험이 되도록 하는 조건의 문제이기 때문이다.[8] 월튼에

---

[7] "지도와 지도가 투사하는 것이 무엇인지에 관한 이러한 사실은 지도의 형식으로 포함된 정보를 우리가 어떻게 추출하는지를 살펴볼 때 확인된다. 안에서 보기의 경우 우리는 '타고난 지각 능력'(저자 강조)에 의존해야 하지만, 지도에서 정보를 추출하기 위해서는 그렇지 않다는 것이 나의 주장이다. 후자의 경우 우리는 습득된 기술에 의존한다." Richard Wollheim, "What the Spectator Sees," *Visual Theory: Painting and Interpretation*, eds. Norman Bryson, Michael Ann Holly, Keith Moxey (New York: Harper Collins, 1991), p.119.

따르면 지도, 그래프, 다이어그램, 도표, 건축 도면과 같은 시각체는 적절하게 풍부하고 생동감 있는 게임에 보는 이가 '지각으로써' 참여토록 하지 못하는 까닭에 '그림'[9]과는 다르다.

드로잉의 표기적 활용과 상상적 활용의 구분은, 언뜻 달리보 베즐리 Dalibor Vesely가 소개한 도구적 재현과 상징적 재현의 구분과 유사해 보인다.[10] 그러나 이 둘은 그 형성 과정의 층위에서 근본적으로 다르다. 베즐리의 구분은 당시 널리 퍼진 기술적descriptive 드로잉 개념, 곧 드로잉이 건물을 기술하는 이론 중립적이고 객관적인 수단이라는 개념에 대응하는 대안을 제시하려는 시도였다. 베즐리가 대안으로 제시했던 가설은 건축 드로잉의 바탕을 이루는 매핑 관습은 그것이 투사든 아니든 관계없이 실제로는 재현 공간의 특정 유형과 관련되어 있으며, 따라서 그 공간은 특정 문화나 시대가

---

8   Kendall Walton, *Mimesis as Make Believe* (Cambridge MA, The Harvard University Press, 1990), pp.293-296. 월튼의 관습성 가설 기각은 위 책의 301쪽을 참고하라.

9   [옮긴이] 이때 '그림(picture)'이란, 월튼의 어법에 따르면, 보는 이가 풍부하고 생동감 있는 "믿는 체하는 지각 게임"에 참여토록 유도하는 소도구로서 시각체를 모두 일컫는다.

10   Dalibor Vesely, "Architecture and the Conflict of Representation," *AA Files*, 8 (1985), pp.21-39.

건축 드로잉이 작동하는 방식

상상하는 것과 깊이 관련되어 있다는 것이었다.[11]

그러나 이렇게 개별 테크닉이 보편 문화나 시대의 상상으로 일반화될 수 있는지는 의문이다. 베즐리가 경고하듯 오늘날 건축 드로잉을 둘러싼 실천과 담론이 분단된 재현의 양상을 종종 드러내는 것은 사실이다. 그러나 이러한 결론의 근거로 투사 기하학에서 추출된 관습에 기대는 기술적 드로잉이 오로지 도구적 재현의 인공물일 뿐이라는 주장을 제기할 수는 없다. 투시도는 물론이고 벽돌 전원주택의 평면도처럼 지극히 환원적인 직각투사orthographic 드로잉조차, 기계적 투사의 관습에 기대어 구축되었음에도 불구하고, 종종 상상을 촉발하는 방식으로 기능해왔기 때문이다.

---

11 베즐리의 주장은 다양한 투사 관습에 내재된 재현 패러다임에 관한 1980년대의 활발한 논의와 같은 맥락에 있다. 이러한 논의 가운데 주목할 만한 글은 Yves Alain Bois, "Metamorphosis of Axonometry," *Daidalos*, 1 (1981), pp.40-58가 있으며, 이 글에 대한 주목할 만한 응답으로는 Massimo Scolari, "Elements for a History of Axonometry," *Architectural Design*, 55, no.5/6 (1985), pp.73-78가 있다. 이러한 연구는 알베르토 페레즈 고메즈의 저작과 이후 그가 쓴 몇몇 에세이를 통해 전개되었다. Alberto Pérez-Gómez, *Architecture and the Crisis of Modern Science* (Cambridge, MA, The MIT Press, 1983). 이에 대한 최근의 재검토는 다음 책에서 이루어졌다. Alberto Pérez-Gómez and Louise Pelletier, *Architectural Representation and the Perspectival Hinge* (Cambridge, MA, The MIT Press, 1997). 에반스가 「드로잉에서 건물로의 번역」에서 제기한 문제 역시 같은 맥락에서 이해할 수 있다. (본문의 주2 참고) 이 에세이 원문은 1986년에 출간된 『AA파일스』, 12호 3-18쪽에 게재되었다.

건축 작품으로서 드로잉

이 글의 관심은 상상을 촉발하는 읽기 방식에 있다. 표기적 드로잉의 목적은 어떤 방식으로든 드로잉을 재구축하는 것이고, 그것을 읽는 것은 문자를 이미 지정된 지시 대상에 합치시키는 기계적 절차다. 그렇다면 실제로 존재하지 않는 사물에 대한 판단을 목적으로 하는 상상의 방식을 취할 때 드로잉 읽기는 어떻게 행해지는가?

건축 드로잉을 읽는 방식과 관련하여 일반적으로 받아들여지는, 민속이론[12]이라 부를 수 있는 하나의 가설이 있다. 이 가설에 따르면 건축 드로잉을 보거나 그것에 대해 논평하는 이는 먼저 이 드로잉을 활용하여 건물을 시각화한 후 그것으로부터 상상할 수 있는 형태에 대한 미학적 판단을 근거로 적합한 비판 서술을 생성한다. 여기서 "시각화"한다는 것은 건물의 기하학 정보가 드로잉에서 주어질 경우 그 건물의 (2007년 메리엄-웹스터 사전 온라인 판본에 "시각화"의 정의에 따라) "심상mental image을 만드는 것"이 가능함을 전제로 한다. 이에 따르면, 판단의 대상은 묘사되는 건물이며, 본질적으로 투명한 것으로 취급되는 드로잉은 판단의 대상이 될 수 없다.

---

12 [옮긴이] 여기서 '민속이론'이란 검증된 적은 없으나 일반적으로 널리 알려진, 많은 사람들이 확신하는 가설을 말한다.

그러나 만약 그렇다면 벽돌 전원주택 드로잉은 그 목적에 그다지 적합해 보이지 않는다. 우선 앞서 언급한 대로 이 평면도가 스케치에 가깝다는 점, 게다가 명백히 불완전하다는 점 때문이다. 상층부 도면이 없으며, 건설을 하기 위해서는 필수적인 디테일과 공간 구성이 실제로 어떻게 이루어지는지에 대한 주요한 설명이 빠져 있다. 예를 들어 개략적으로만 표시된 주 계단부는 도대체 어느 쪽을 향하는가? 주택 바닥면의 범위 역시 뚜렷이 규정하기 어렵다. 설상가상으로 평면도와 투시도에서 공통적으로 가시적인 부분에서조차 두 드로잉은 서로 완벽히 일치하지 않는다.

몇몇 논평가가 이미 지적했듯, 벽돌 전원주택 투시도에서 보이는 건물 부대시설의 굴뚝 근처 콘크리트 돌출부 가장자리에 드리운 작은 그림자는 이 투시도에 묘사된 벽의 구성이 평면도에 표시된 것과 다름을 방증한다.[13] 비례에서도 어느 정도 혼선이 있다. 만약 그려진 대로라면, 평면도 아랫부분과 투시도 전경에서 보이는 실은, 지나치게 길거나 그 층고가 지나치게 낮은 나머지 사용이 불가능해 보인다. 요약하면 이들 드로잉을 통한 전체 건물의 시각화는 필연적으로 불완전할

---

13 이 점은 테게토프의 책에 언급되었지만 벽돌 전원주택에 관한 대다수 글에서는 그다지 주목받지 못했다. Tegethoff, *Mies van der Rohe, op. cit.*, pp.38-39.

건축 표기 체계

수밖에 없으며, 그 일관성 또한 유지될 수 없다. 이들 드로잉을 통해서는 비판적 판단 대상으로 삼을 만큼 건물에 대한 완전하고 일관된 심상을 얻는 것이 불가능하다.

이러한 건축 드로잉의 시각화에 관한 민속이론에는 역설이 포함돼 있다. 이 이론은 드로잉이 더 희박하면 희박할수록,[14] 따라서 더 뚜렷하고 명확할수록, 그 드로잉은 건물을 시각화 하겠다는 목적에 더 부합한다는 것을 암묵적으로 전제한다. 이는 동시에 드로잉에 명시된 디테일이 적으면 적을수록 드로잉이 재현하는 건물을 상상으로 개념화하는 데 모호함이 동반되고, 따라서 비판적 판단은 점점 더 어려워진다는 것을 전제한다. 그러나 디자인 경험이 있는 사람이라면, 이러한 방식이 실무에서 드로잉이 작동하는 방식과는 부합하지 않음을 잘 알 것이다. 지나치게 많은 디테일과 상세한 시방서로 특징지어지는 건설 도면이 디자인에 대한 비판적 판단을 형성하는 데 있어 프레젠테이션 용도로 제작된 렌더링보다 크게 유용하다 할 수 없다. 다르게 말하면, 드로잉이 주는 기하학 정보가 불명확할수록 무슨 이유에서인지 모르지만 드로잉이 보다 표현적이 된다는 것이다.

---

14 [옮긴이] 여기서 '희박하다(attenuated)'는 말은 굿맨의 용어로, 회화적 지시 체계의 조밀함이나 충만함에 대비되는 표기적 지시 체계의 속성을 가리킨다.

이 역설은 벽돌 전원주택 계획안에서도 잘 드러난다.
불완전성과 불일치성에도 불구하고, 이 드로잉은 근대 건축
규범에서 중요한 위치를 점하고 있다. 다음은 콜린 로우Colin
Rowe가 미스의 매너리즘 경향에 대해 논평하는 글이다.

> 스포르차 예배당에서 미켈란젤로는 중앙 집중형 건물의
> 전통 안에서 작업하면서, 언뜻 보기에 중앙 집중형인 듯
> 보이는 공간을 확립한다. 그러나 이 공간이 필요로 하는
> 초점을, 그 한계 안에서, 온 힘을 다해 흩뜨린다. … 그리고
> 이와 유사한 현상이 벽돌 전원주택에서 전개된다.
> 이 주택에는 결론도 초점도 없다. 그리고 미스가 만약
> 여기서 집중형 건물의 전통이 아닌 불규칙적이고 자유롭게
> 흩어지는 낭만주의 평면의 전통 안에서 결국 작업하고
> 있다면, 원형prototype을 해체하는 그의 전략은 미켈란젤로에
> 견줄만큼 완벽하다.[15]

스포르차 예배당은 실존 건물인 반면, 벽돌 전원주택은
그렇지 않다는 것에 대한 별다른 인식 없이 둘을 비교하고

---

15 Colin Rowe, "Mannerism and Modern Architecture," *The Mathematics of the Ideal Villa and Other Essays* (Cambridge, MA: MIT Press, 1976), pp.47-49.

있다는 점에 주목하자. 예를 들어 "이 주택에는 결론도 초점도 없다"와 같은 말에서 드러나듯이 로우는 드로잉이 아닌 그것을 통해 투사되는 건물에서 유래하는 구성의 지각적 특질에 집중하고 있다. 이로써 로우는 드로잉을 읽는 것과 건물을 경험하는 것 사이의 구분을 모호하게 만들어버린다. 이러한 경향은 다음 인용하는 볼프 테게토프Wolf Tegethoff의 논평에서도 나타난다. 여기서도 역시 이 계획안에 관한 다른 전형적인 논평과 크게 다르지 않게, 명백히 건물에 대한 미학적 경험에 근거한 읽기를 행한다.

> 벽돌 벽이 모든 방향으로 연장되며 그 내부는 역장force-field의 핵심이 되는데, 이 역장은 그 주변의 좌표들을 고정시키는 한편, 오로지 내부에 있는 관찰자와의 관계를 통해서만 정의된다.[16]

미학적 경험은 본질적으로 지각적이고 즉각적이다. 따라서 그 경험은 경험의 원천이 되는 작품을 실제로 앞에 두고 그것을 직면할 때에만 발생한다.[17] 작품에 관한 생각만으로 미학적

---

16 Wolf Tegethoff, "From Obscurity to Maturity: Mies van der Rohe's Breakthrough to Modernism," *Mies van der Rohe: Critical Essays*, ed. Franz Schulze (Cambridge, MA: MIT Press, 1989), p.56.

경험을 얻을 수는 없다. 마찬가지로 단 하나의 작품이라도 그것이 지각 가능한 상태에 있는 한, 우리는 그것을 향한 반복적인 미학적 집중을 통해 즐거움을 얻을 수 있다. 예술 작품에 대한 경험은 작품 자체의 매체와 깊이 결부되어 있다. 음악은 음표를 읽을 때가 아니라 그것을 들을 때 제대로 감상할 수 있으며, 아무리 시적으로 쓰인 말이라 하더라도 단지 말로 회화가 시각적으로 촉발하는 미학적 경험을 충분하게 재구성하는 것은 불가능하다. 마찬가지로 아무리 건물을 시각적으로 재현한 것이 앞에 있다 할지라도, 이를 통한 상상만으로는 건물을 미학적으로 경험하는 것이 불가능하다. 재현은 이미 그것의 매체가 다르다는 것을 전제하고 있는 까닭이다. 그러나 벽돌 전원주택 드로잉에 한해, 이들 드로잉이 비평적으로 다루어져 왔던 역사와 방식은 위와 같은 상식적 관찰에 반하는 것처럼 보인다. 이들 드로잉은 중요한 건축 작품으로 여겨지고 있으며, 실제 건물로 지어졌는지 여부와 무관하게 다른 건축 작품과 별다른 고민 없이 비교 대상이 되어 왔다.

---

17 여기서 나는 미학적 경험이 주어진 작품을 수동적으로 흡수하는 것 말고는 보는 이의 어떠한 다른 능력도 불필요한, 단순히 지각적이라고 주장하는 것이 아니다. 미학적 경험은 작품에 대한 비판적 참여를 필요로 하며, 능동적이고 탐색적인 행위의 요소로 구성된다. 요약하면, 지각은 미학적 경험의 필요 조건이지만 충분 조건은 아니다. 이 글의 주22를 참고하라.

이들 드로잉을 회화의 스케치처럼 그 자체로 자립적인 건축 작품으로 여겨야 할지, 아니면 이들을 의도된 작품으로서 실제 건물을 시각화하기 위한 재현의 도구로 여겨야 할지의 문제는 일종의 퍼즐이다. 이 문제에 대해 논평했던, 예를 들어 『예술의 언어들』을 저술한 굿맨과 같은 철학자나 비평가가 암묵적으로 동의했던 가설은 후자다. 드로잉은 실제 예술 작품을 재현한다는 가설이다. 앞서 짚었듯이 에반스처럼 통찰력 있으면서도 세밀하고 복잡한 드로잉의 용법을 누구보다도 잘 알고 있는 건축 비평가조차 드로잉을 온전한 건축 작품으로 기꺼이 인정하는 것에는 유보적이다. 그러나 만약 그렇다면, 앞서 살펴본 부류의 비평적 글쓰기, 곧 드로잉을 통해 건물의 경험적 특질을 환기시키는 부류의 글쓰기는 과연 어떻게 설명할 수 있을까?

   어쩌면 앞서 언급한 대로 이들 드로잉이 상징으로 작동하는 방식을 생각할 때, 화가가 회화를 그리기 위해 준비하는 예비적이고 탐색적인 드로잉, 곧 작업과정 중 제작하는 스케치 정도로 이들을 이해할 수도 있다. 이러한 관점은 상징적 층위를 생각할 때 얼핏 타당해 보인다. 예비적이고 탐색적인 드로잉은 그것 자체로서 미학적 가치를 가질 뿐만 아니라 그것만의 지각 포맷을 통해 지향점이 되는 최종 결과물의 형성에 대안을 제시한다는 면에서 그 결과물과 특별한 관계를 맺기도 한다.

그러나 벽돌 전원주택 드로잉을 예비 스케치로 보기는 어렵다. 회화에서 연구를 위해 그리는 스케치는 자율적이다. 이러한 연구를 작품의 재현이나 묘사로 볼 수는 없다. 연구과정에서 그리는 스케치에서는 최종 결과물로서 작품이 주는 미학적 경험 중 극히 일부조차 얻을 수 없다는 점에서 더욱 그러하다. 하지만 앞서 인용한 글들에서 벽돌 전원주택 드로잉은 정확하게 그러한 방식으로 사용되었다. 이 드로잉은 지어진 작품의 대안적 변용이 되기보다는, 지어진 작품에는 부재하는 특질을 이해하기 위한 수단이 되고 있다.

그렇다면, 이 드로잉을 미술 서적에 실리는 회화의 사진과 유사한 것으로 보면 어떨까? 드로잉에서처럼 실제 예술 작품은 사진에서 어느 정도 추상화가 이루어진다. 사진에서는 회화 자체의 물리적 특질, 예를 들어 물감 두께, 표면 질감, 화면 크기 등이 필연적으로 억압되거나 변화될 수밖에 없을 뿐만 아니라, 종종 회화의 가장 중요한 구성 요소인 색상이 흑백으로 축소되기도 한다. 이렇게 회화를 복제하는 의도는 그 회화에서 오직 논점과 관련된 측면을 부각시켜 보여주기 위함인데, 벽돌 전원주택 드로잉 역시 이러한 사례일 수 있다. 그러나 이 유추는 결국 실패할 수밖에 없다. 회화를 논할 때 사진을 통한 복제품을 활용하는 것은 실용적인 편리의 문제지만, 건축 드로잉의 경우에는 그렇지 않은 까닭이다. 벽돌 전원주택 계획안에는 건물에 대한 실제 경험에는 없지만 드로잉을 통해서만 얻을 수 있는 '지각적' 측면, 예를 들어 로우가 언급한 탈중심성과 같은 것이 있다.

 이 퍼즐은 건축 미학이 근본적이고 독점적으로 건물에 대한 경험에서 비롯된다는 가설에 도전한다. 적어도 전혀 다른 매체, 예를 들어 종이 위의 표식들로 존재하는 작품이라 하더라도 여전히 건축적이라고 할 수 있는 미적 경험을 생성할 수 있다는 점은 확인된다. 물론 이러한 드로잉의 미적 경험이 건축적이라는 데에는 동의하지 않을 수도 있다. 그 경험은 실제로 건물을 방문했을 때의 경험과 분명 다를 것이다. 그러나 그렇다고 해서, 그 경험을 회화를 볼 때의 경험의 한 부류라고 할 수도 없다. 벽돌 전원주택 드로잉은 의미 있는 회화 작품이거나 그 드로잉 제작에서 발휘된 기막힌 제도 솜씨 때문에 비평가들의 찬사를 받아온 것이 아니다. 이 드로잉을 향하는 비평이 주목하는 것은 분명 그것이 묘사하는 건물이지, 그래픽 예술 작품으로서 드로잉 자체가 아니다.

 역으로 이들 드로잉을 건축 작품으로 여기는 것은 건축 경험 자체에 대한 질문으로 이어진다. 두 가지 서로 다른 매체가 공통적으로 건축적이라 할 수 있는 미적 경험을 생산할 수 있는가? 그리고 드로잉도 건축 경험을 생성하기에 적합한 매체라면 드로잉에 내재하는 건축 속성은 무엇인가? 이 모든 질문들이 이미 제기된 바 있는 최초의 질문으로 환원된다. 만일 우리가 더 세부적으로 드로잉이 읽히는 방식을 이해할 수 있다면, 다시 말해 드로잉이 무슨 정보를 제공하는지, 그리고 그 정보가 어떻게 파스parse되는지를 이해할 수 있다면 우리는 드로잉이 건축 작품으로서 갖는 위상을 파악할 수 있을 것이다.

주목 방식으로서 건축 경험

이해를 위해 벽돌 전원주택 계획안과 드로잉을 비판적으로 다루었던 글 하나를 자세히 살펴보자. 다음은 프란츠 슐츠 Franz Schulze가 1986년에 쓴 미스의 전기에서 발췌한 것으로 이 계획안에 대한 균형 잡힌, 보편적으로 받아들여지는 관점을 드러내는 좋은 사례다.

> 벽돌 전원주택에서 가장 눈길을 끄는 것은 그 평면이다. …
> 미스는 벽돌 전원주택에서 라이트 식의 열린 평면open plan
> 개념을 극단으로 발전시켰다. 방을 둘러막거나 그것의
> 영역을 정의하지 않았으며, 미스는 단지 서로
> 녹아들어가는 공간 가운데 동적 방향성을 부여하는 독립된
> 벽을 세움으로써, 내부를 역동적 공간 단일체로
> 변형시켰다. 그는 내부 공간을 조직하는 것보다 더 많은

것을 벽으로써 이루었다. 그는 그중 세 개를 주택을 둘러싸는 공간 속으로 확장시켰는데, 각각의 벽은 마치 개체를 무한으로 실어나르는 것을 암시하듯, 긴 선을 따라 드로잉의 페이지 밖으로 벗어난다. 이로써 그는 콘크리트 전원주택에서 시작된 내외부 공간 사이의 유화emulsification를 더욱 발전시켰다. 내외부는 이제 너무나 뚜렷하게 서로를 침투하는 나머지, 그 평면을 살펴보면, 이 주택은 더 이상 전통적 의미의 공간을 둘러싸는 외피로 기능하지 않는다.

    이 평면과 테오 반 두스부르흐가 1918년 즈음에 제작한 〈러시아 춤의 리듬 Rhythms of a Russian Dance〉 사이의 유사성과 관련하여 많은 의문이 있었다. 이 회화에서, 직각으로 분포되고 비대칭적으로 조직된 동일한 폭의 얇고 직선적인 다양한 색깔의 막대기들은, 그 자체의 움직임뿐만 아니라 마치 미로와 같이 끊임없이 그들을 관통하고 둘러싸며 흐르는 공간 속에서 움직임을 활성화시킨다.

    투시도에서는 이와 다른 인식이 읽힌다. 외부의 시점에서 볼 때 주택은 평면도에서 보이는 것처럼 섬세한 일련의 막과 같은 면으로 보이지 않는다. 주택은 입방체 덩어리들의 집합이며, 벽돌 벽이 바닥부터 천장까지 이어지는 유리 벽에 의해 간섭 받는 곳에서조차 유리는 벽돌과 동일하게 불투명한 것처럼 보인다. 내부 시점에서는, 당연하게도, 밝은 햇빛을 배경으로 하는 유리 벽은 사라지고 내외부를 가르는 경계가 소멸하는 듯 보인다. 따라서 미스는 지붕 아래로부터 풍경을 향해 미끄러지듯 벽을 확장하며, 지붕 슬래브가 유리 벽을 통해 보이게끔 그것을 확장한 듯 보인다. 이로써 미스는 주택 내부에서 에워쌈과 자유의 감각 사이를 중재하는 데 성공한다.[18]

앞에서 언급했듯이 이 글이 가리키는 대상은 드로잉이 아닌 상상의 개체, 곧 묘사되는 건물이다. 예를 들어, "주택은 …으로 보이지 않는다"거나 "입방체 덩어리들의 집합"이라는 문구에서처럼, 이 인용글에서 언급되는 모든 속성은 건물에 귀속된다. 이것은 두 개의 그림이 상호보완적인 방식으로 함께 읽혀야 한다는 점으로 인해 더욱 분명해진다. 그러나 이 모든 것에도 불구하고, 이 인용글은 궁극적으로는 제시되는 건물의 현상적이고 경험적인 특질에 대한 기술을 하지 '않고자' 한다. 실제로 이 글에서 기술이라 할 만한 대목은 "내부 시점에서는"으로 시작하는 마지막 부분에 국한되어 있다. 이 부분에서조차 경험적 특질은 예를 들어 "유리 벽은 사라지고"와 같이

---

18   Franz Schulze, *Mies van der Rohe, op.cit.,* pp.113-116.

지나치게 보편적이고 희박한 방식으로 논의되는 까닭에, 실제 건물을 점유하는 감각적 경험에 대한 느낌을 우리에게 거의 전달하지 못한다. 경험의 지각적 풍부함을 직접 겨냥하기보다, 이러한 부류의 경험을 개념화하여 함축한 어떤 것, 예를 들어 "에워쌈과 자유의 감각 사이를 중재하는" 것 정도를 가리킬 뿐이다.

둘 중 전자의 사례를 찾고 싶다면 멀리 볼 필요도 없이 같은 글에서 반 두스부르흐의 그림을 기술하는 문단을 읽어보면 된다. 마찬가지로 건물의 특질을 기술하는 글쓰기가 있는 경우는, 그 기술이 드로잉에서 직접적으로 '가시화된' 건물의 시각적 양상을 지시할 때다.

> 벽돌 전원주택에서 과하게 큰 굴뚝 블록들은 매스의 초점이지만, 내부의 유동적이고 역동적인 배치에 구조적 안정성을 주기 위해 그들 사이의 주택을 압박하면서 의도적으로 중심에서 벗어나 있다. 그들은 조형적 솔리드인 한편, 확장하는 벽의 수평적 확산을 상쇄시키는 안정적 요소다.[19]

---

19 Tegethoff, "From Obscurity to Maturity," *op.cit.,* p.55.

이 문단에서 기술된 건물의 특질, 예를 들어 "과하게 큰 굴뚝 블록들", "그들 사이의 주택을 압박하면서", 또는 "확장하는 벽의 수평적 확산을 상쇄시키는 안정적 요소" 등은, 드로잉에서 직접 눈으로 점검이 가능하다. 뿐만 아니라 이러한 판단 가운데 상당수는 드로잉에 적용된 바로 그 시점에서 볼 때에만 타당하다. 만약 건물을 다른 시점에서 그렸다면, 블록들이 그들 사이의 건물을 압박한다거나, 의도적으로 중심에서 벗어나 배치되었다는 느낌은 사라질 것이다.

마지막으로, 이러한 기술적 서술이 매우 드문 사례라는 점을 지적하고자 한다. 오히려 대부분의 경우 비판적 판단은 전형적인 인과 관계의 형식을 띠는 서술, 또는 이러한 서술들을 나열함으로써 문제가 되는 대상을 읽어내는 절차를 통해 이루어진다. 이는 바로 위에서 인용된 문단의 첫 문장에서 보듯 어떤 시각 효과나 조건을 확인하고, 그것을 행위 언어로 기술한 다음, 그것이 행해진 설득력 있는 이유나 원인을 찾는 형식적 절차를 따른다. 이것은 본질적으로 추론 형식이다.[20] 추론

---

20 이와 같은 맥락에서, 예술사를 기술하는 언어에 관한 보다 면밀한 설명이 Baxandall, "The Language of Art History," *New Literary History*, 10 (1979), pp.453-465에 있다. 이 글에서, 예술사의 어휘는 비교, 원인, 효과를 가리키는 세 가지 종류로 구분된다. 나는 이러한 식의 언어가 어떤 방식으로 조합되어 보편적 추론을 생산하는지에 특히 관심을 갖고 있다.

논증의 바탕을 이루는 구조는 설명적이라기보다는 해석적이다. 효과가 나타났다면 그 효과를 끌어내려는 의도로 어떤 조치가 취해졌어야 한다는 말이다.[21] 따라서 이러한 글쓰기에서 우리는 어떤 지향성intentionality을 읽을 수 있다.

이들 드로잉에 구체화된 건축 경험의 본질에 대한 질문으로 다시 돌아오자. 지금껏 제시된 부류의 비판적 읽기에서 경험이 중요한 이유는 그것 자체가 목적이어서가 아니라 그것을 수단으로 활용하기 위해서다. 따라서 상상적 읽기 방식에서 이러한 드로잉에 대한 비판적 읽기를 경험을 생산하기 위한, 특히 실제 건물에 대한 경험을 생산하기 위한 작업으로 보기보다, 어떤 집중attention의 태도mode를 촉발하는 작업으로 보는 것이 더 그럴듯해 보인다.[22] 이러한 집중의 태도는 인공물을 제작하게 된 원인에 대한 탐문의 형식을 취하는 그 과정에서 경험적 효과나 상대적 해결책을 확인하거나

---

21 여기서 '해석적', '설명적'이라는 용어는 Georg Henrik von Wright, *Explanation and Understanding* (Cornell University Press: 1971), pp.4-7에서 논의된 바와 같은, 곧 19세기 독일의 역사철학자 요한 구스타프 드로이센(Johann Gustar Droysen)과 빌헬름 딜테이(Wilhelm Dilthey)의 저서에서 유래한, 명확히 구별되는 뜻으로 사용하였다. 해석적 패러다임과 달리 설명적 패러다임은 사건을 효과에서 원인을 향하는 것이 아닌 원인에서 효과를 향하는 틀 안에서 기술한다. 후자의 경우 원인은 곧 보편적 법칙이 되므로, 지향성의 여지가 남지 않는다.

적당한 원인을 추정할 수 있으며, 성공할 경우 그 작품에 대한 지속적 참여로 이어진다. 이때 참여는 상상과 지각 모두를 통해 이루어진다.[23]

따라서 건축 읽기에 관한 민속이론은 수정되어야 한다. 드로잉을 상상의 방식으로 읽을 때, 우리는 건물에 대한 경험을 판단하기 위해 그 건물의 심상을 구축하지 않는다. 오히려 우리는 특수한 집중의 태도를 취함으로써 실제로 존재하는

---

22 경험적 효과보다 인지적 효과를 생산하는 예술을 각각의 방식으로 주장했던 아서 단토나 넬슨 굿맨과 같은 철학자들의 연구는 내가 경험보다는 집중(attention)의 역할을 강조하는 동기가 되었다. 이에 반하여 리처드 슈스터만(Richard Shusterman)과 같은 학자는, 예술의 궁극적 목적이자 끝으로서 경험의 역할을 주장하였다. Richard Shusterman, "The Ends of Aesthetic Experience," *Journal of Aesthetics and Art Criticism*, 55, no.1 (1997), pp.29-41. 나는 단토와 굿맨의 주장에 기본적으로 동의하지만, 내가 이 글에서 주장하는 것이 그들의 입장에 반드시 동의해야만 가능한 것은 아니다. 나의 주장은 건축 드로잉의 활용을 논하는 좁은 맥락 안에서 이루어지며, 슈스터만이 목적이자 끝 자체로서 중요시하는 순혈적인(full-blooded) 미적 경험을 미리 배제할 필요는 없다고 생각한다.

23 내가 사용하는 '상상을 통한 참여'라는 말과 예술가의 결정적 과업이 결국 이러한 상상을 통한 참여를 지속시킬 수 있는 작품을 만드는 것이라는 논지의 직접적 출처는 다음과 같다. Michael Podro, *Depiction* (New Haven: Yale University Press, 1998), pp.7-9. 단, 포드로가 생각하는 상상이 묘사에 있어 필수 요소라면, 내가 여기서 상상이라 부르는 것은 포드로가 "가공의(fictive)" 요소라고 부르는 것이 드러남으로써 보는 이가 회화에 참여하는 상황이다.

인공물에 지각적으로 참여하는데, 이러한 참여의 취지는 묘사된 건물의 특정한 현시presentation에 관한 구체적 단서를 찾는 데 있다. 그렇다면 본질적으로는 표면 위의 표식들에 불과한 사물로부터 어떻게 이러한 읽기가 가능할까? 더 구체적으로는 벽돌 전원주택 드로잉으로 대표되는 건축 드로잉 부류가 건물 내부에 대한 경험을 재생산한다는 가설이 폐기된 상태에서, 드로잉은 과연 어떻게 우리의 상상을 통한 참여를 가능하게 하는가?

묘사적 보기에 대한 하나의 가설

앞선 질문에 답하기 위해서는 묘사적 보기에 관한 기존 연구를 훑어볼 필요가 있다. 이 과정에서 우리는 지각 행위에 내재된 두 가지 층위를 구분해야만 한다. 첫 번째 층위는, 시각을 통해 재현을 수행하는 모든 인공물이 갖는 보편적 층위다. 두 번째 층위는, 재현의 생산을 넘어 우리의 상상을 통한 참여를 가능하게 하는 인공물에만 존재한다.

01

묘사적 보기의 첫 번째 층위에는 우리의 타고난 지각 능력이 있다. 묘사된 무언가를 보는 행위는 굿맨이 말하는 조밀하고 충만한 매핑이든, 월하임이 말하는 안에서 보기든, 월튼이 말하는 믿는 체하기로서 지각 게임이든, 무언가를 상상으로 '경험'하는 것이다.[24] 묘사된 것에 대한 '경험'으로 묘사적 보기를 규정하는 것은, 이러한 보기 방식이 지닌 다음의 세 가지 특징을 인식하는 데 도움을 준다는 점에서 중요하다. 첫째, 묘사적 보기는 비자발적이다. 묘사된 사물이나 구상을 보지 않고는 배길 수 없기 때문이다.[25] 둘째, 묘사적 보기는 본질적으로 명제적propositional이다. 묘사적 보기는 관찰자로 하여금 묘사된 사물에 대해 참 또는 거짓이라는 답을 할 수 있는 질문을 제기하는 것이 가능하게 한다. 따라서 묘사적 보기에서는 비록 묘사된 구상이 존재하지 않더라도, 두 명 이상의 보는 이가 각각 보고 있는 대상이 무엇인지에 관한 상호주관적inter-subjective 합의에 도달하지 않을 수 없다. 셋째,

---

24 이 구분은 다음에서 가장 명백하게 제시되었다. Christopher Peacock, "Depiction," *The Philosophical Review*, 96, no.3 (1987), pp.383-410. "당신이 벽에 걸린 솔즈베리 대성당의 실루엣을 본다고 가정해보자. … 만약 그 실루엣이 성공적이라면, 관찰자의 경험과 관련하여 다음을 참으로 판명할 수 있다. 그 실루엣은 지각하는 이의 가시권 안 어떤 영역에 현시되는데, 이 경험은 솔즈베리 대성당 자체를 어떤 특정한 각도에서 보았을 때 그것이 현시되는 가시권 안의 어떤 부분적 모양을 경험하는 것과 유사하다. 요약하면, 가시 영역이 모양으로서 유사하다는 것이 아니라, '그것의 유사성이 경험된다는 것'이다." (저자 강조)

묘사적 보기는 그 결과로 암시 또는 화면으로서 공간을 창조한다. 화면으로서 공간은 따라서 그것의 암시적 또는 관념적 속성과는 별도로 보는 이가 경험하는 공간이며, 그 속에서 기술되는 관계는 묘사된 사물과 마찬가지로 비자발적으로 지각되는 동시에 상호주관적 합의로 판별이 가능하다.

공간을 창조하는 것과 묘사된 사물을 인식하는 것은 실은 동일한 현상의 두 측면이다. 왜냐하면 구상이나 사물은 그것이 공간에 삽입된 것으로 인식될 때에만 비로소 구상이나 사물로 인식될 수 있기 때문이다. 따라서 공간의 창조는 우리의 시각 환경을 원형적 개체의 집합으로 조직해내는 우리의 능력에 따라 좌우되는데, 이는 게슈탈트 학파 이론가들이 20세기 초에 체계적으로 연구하기 시작했던 현상이기도 하다. 이와 관련된 보다 최근 연구는 우리가 어떻게 시각 환경을 일련의 보편적 '규칙'에 따라 체계적이고 구축적으로 파스하는지를 밝힌 바 있다.[26]

---

25 "그러나 보다 포괄적인 … 요점은, "안에서 보기(seeing-in)"가 생물학적 기반 위에 있는 것처럼 보인다는 것이다. 그것은 타고난 능력이다. 그러나 모든 타고난 능력이 그러하듯, 그것이 성숙하기 위해서는 충분히 합치 가능하고 충분히 자극적인 환경을 필요로 한다. Wollheim, "What the Spectator Sees," *op. cit.*, p.114.

건축 드로잉이 작동하는 방식

우리의 시각 체계에서 발생하는 이러한 비자발적이고 구축적인 활동은 결과적으로 상호작용을 통한 공간 구축, 특히 깊이감의 활성화를 통한 공간 구축으로 이어진다. 우리가 느끼는 깊이감은, 아주 가까운 거리에서 작동하는 눈의 조정에서부터 아주 먼 거리에서 작동하는 대기원근법에 이르기까지 다양한 종류의 신호를 통해 활성화된다.[27] 화면 공간 구축은 이러한 보다 보편적 활성화의 변용일 뿐이다. 화면 공간과 실제 공간 사이의 차이란 결국 예술가가 종종 보는 이에게 의도를 가지고 제공하거나 제공하지 않는 신호의 범위와 그것의 다양한 변용으로 인해 발생하는 차이에 불과하다.[28]

요약하면, 성공한 묘사란 공간적 관계에 대한 상호주관적 합의가 가능한 방식으로 2차원 시각 대상을 특정 사물이나

---

26 우리의 시각 체계가 규칙에 따라 작동한다는 이론을 매우 쉽게 풀어낸 저서로 다음 책이 있으며. 특히 이 책의 79-105쪽을 참고하라. D. D. Hoffman, *Visual Intelligence* (New York: W. W. Norton and Co., 1998).

27 가시적 레이아웃에서 깊이감을 구축할 때 우리가 활용하는 시각 신호에 대한 평가와 다양한 거리에서 시각 신호가 수행하는 상대적 역할에 관한 이론은 다음을 참고하라. James E. Cutting and Peter M. Vishton, "Perceiving Layout and Knowing Distances: The Integration, Relative Potency, and Contextual Use of Different Information about Depth," in *Perception of Space and Motion*, eds. W. Epstein and S. Rogers (New York: Academic Press, 1995), pp.71-118.

구상으로 자연스럽게 파스하는 우리의 타고난 능력을 화가 등의 예술가가 활용한 결과다.

위와 같은 설명은 시각 재현이라 부를 수 있는 대부분의 작품에 적용된다. 그러나 덧붙이자면, 이러한 설명은 결국 묘사적 작품이 가장 성공할 때는 바로 예술가가 자연적 조건을 완벽하게 극복한 나머지 묘사된 대상에 대한 우리 경험이 그 대상 자체를 보는 경험과 다르지 않은 경우라고 제안하는 것처럼 일견 보이기도 한다. 그러나 이상하게도, 바로 그 경우에 해당하는 눈속임trompe-l'oeil 회화 등이 실은 별로 묘사적이거나 재현적이지 않다는 점은 이미 이 주제를 논하는 이들이 대체로 동의하는 사실이다.[29] 실제로 2차원 매체를 통한 묘사와

---

28 우리가 그림을 시각적으로 지각하는 것이 실제 지각과 동일한 메커니즘을 따른다는 입장은 다음을 참고하라. J. J. Gibson, *An Ecological Approach to Visual Perception* (Boston: Houghton-Mifflin, 1979). 특히 그림에 관한 깁슨의 주장은 다음을 참고하라. Gibson, "Pictures, Perspective, and Perception," in *Reasons for Realism*, eds. E. Reed and R. Jones (Hillsdale: Erlbaum, 1982), pp.231-240. 화면 공간에서 공간적 관계 판독이 모호하게 되는 것을 막는 깊이-부여 신호와 다양한 시각적 조건을 예술가가 의도적으로 제약한다는 주장은 다음을 참고하라. Sheena Rogers, "Perceiving Pictorial Space," in *Perception of Space and Motion*, eds. W. Epstein and S. Rogers (New York: Academic Press, 1995), pp.119-163.

29 이 입장은 Wollheim, "What the Spectator Sees," pp.122-123에 명백히 제시되어 있다.

관련하여 가장 흥미로운 사실은, 묘사가 묘사된 대상에 대한 경험뿐 아니라, 동시에 2차원 매체의 납작한 표면에 더욱 집중하도록 유도한다는 점이다.

월하임은 이것을 "지각의 이중적 감각"이라 부른다. 월튼은 이것을 약간 다르게 설명하는데, 그에 따르면 "그림 보기, 곧 그림이 소도구로서 보조 기능을 수행하는 게임에 대한 참여는 그림 보기가 유도하는 상상들imaginings이 이루는 의미체content의 한 부분"이다.[30] 다시 말해, 우리는 그림을 볼 때 그림에 묘사된 대상뿐 아니라 사물로서 그 그림 자체를 동시에 본다. 한 번 더 말하지만, 시각적 묘사의 범주 안에 눈속임 회화가 포함되어야 하는지 여부와는 별개로, 여기서 핵심은 사실주의가 주도하는 회화 전통 안에서조차 눈속임 회화는 매우 예외적인 사례라는 점이다. 실제로 유럽의 사실주의적 고전 전통에 능통했던 사례는 오히려 눈속임 효과를 거부했다.

02

여기서 중요한 점은 대부분 예술 전통에서 화가와 예술가가 단순히 관객이 묘사된 사물을 볼 때의 조건을 제한하는 데 만족하지 않고, 오히려 묘사의 이러한 독특한 측면, 즉 표면과

---

30 Ibid., p.105; Walton, *Mimesis and Make Believe, op.cit.* p.294.

묘사된 것을 동시에 지각할 수 있는 가능성을 회화 작품을 향한 가상적 참여를 연장하는 수단으로 적극 활용했다는 것이다. 그리고 바로 이 지점이 두 번째 층위의 지각 행위가 작동하는 곳이다. 이 층위에서 우리의 지각을 통한 참여는 그림 안에 묘사된 소재를 넘어, 그림 제작에까지 미친다. 곧, 그 안에 묘사되는 개체에 대한 지각적 참여만큼이나, 그것을 묘사하는 개체에 대한 지각적 참여가 이루어진다.

이 점을 가장 힘있게 주장한 사람이 마이클 포드로Michael Podro다.[31] 포드로는 그의 에세이 「재현과 황금 송아지Representation and the Golden Calf」에서, 사실주의 전통에서조차 회화의 재현성을 높이는 수법이 배척되었다는 점에 주목한다. 그는 니콜라스 푸생Nicolas Poussin의 그림 〈황금 송아지 숭배Representation and the Golden Calf〉에서, 실제로는 금색 안료가 아닌 미색 안료로 황소가 묘사되었고, 가장 밝은 백색 안료는 그림에서 가장 밝은 빛을 받는 부분을 재현하는 데 사용되었으며, 이로써 오히려 다소 불순한 백색을 순수한 백색이어야 할 의상 재현을 위해 남겼다는 점을 지적한다. 얼핏 생각할 때 이런 선택은 어쩔 수 없는 한계를 드러내는 것처럼 보이지만, 실제로는 이 그림의

---

31 Podro, "Representation and the Golden Calf," in *Visual Theory: Painting and Interpretation*, eds. Norman Bryson, Michael Ann Holly, and Keith Moxey (New York: Harper Collins, 1991), pp.163-189.

기저에서 작동하는 구체적 재현의 전략을 보는 이로 하여금 인식하게 함으로써 그 재현성을 높이는 효과를 가져온다. 그 결과 그림 보기에 참여하는 관객은 단지 묘사된 소재를 넘어 그림 제작의 측면, 곧 포드로가 "묘사의 묘기 the feat of depiction"라 부르는 양상에 집중하게 된다.

수동적 관객이 가시 세계를 규칙에 따라 파스한다는 인지 과학자의 설명과는 대조적으로, 포드로의 설명은 관찰자에게 능동적이고 구축적인 권한을 부여하는데, 이는 묘사적 보기가 요구하는 두 가지 지각 경험 사이의 상호작용에 관한 것이기도 하다. 그에 따르면, 관객은 표면의 표식들로부터 시각적으로 식별, 추출된 형성작용 formulation의 측면들, 또는 포드로가 "드로잉 절차의 모양새 look"라고 부르는 것 안에서 묘사된 대상의 구축을 보조하는 적절한 단서들을 능동적으로 탐색한다.[32] 이것이 바로 포드로의 디제뇨 disegno 가설이다. 곧, 그림에 대한 비판적 관찰자로서 "우리가 형성작용을 추적하는 것은 재현된 것을 지각하기 위한 하나의 방법"이다.[33]

포드로의 이러한 관찰은, 다양한 묘사체 가운데 치밀한

---

32 Podro, "Representation and the Golden Calf," *op. cit.*, p.185.
포드로는 디제뇨(disegno) 개념을 바사리(Vasari)가 사용한 것과 같은 "유려한 사물의 윤곽선 그리기(delineation)로써 정신이 사물을 포섭하는 것"이라는 의미로 사용했음을 163쪽에서 밝혔다.

상상을 통해 집중을 촉발하고 그것을 지속시킬 수 있을 만한 것이 무엇인지를 판단하는 데 도움을 준다는 점에서 가치가 있다. 앞서 제시된 가설, 즉 묘사적 보기가 형성작용의 절차와 묘사된 대상의 측면 둘 모두에 대한 해석 사이를 오갈 수 있는 우리의 타고난 인지적 능력 활용과 결부되어 있다는 것을 포드로는 화가가 실천하는 기획enterprise의 "조건"으로 규정한다.

특정 회화, 특히 포드로가 논하는 부류의 회화를 제작할 때, 화가는 적당히 적극적인 관객이 묘사된 대상에 관한 구체적 명제를 구축할 수 있는 수준까지 그의 참여도를 높이고자 위에서 제시된 조건을 활용할 수 있다. 이는 곧 관객이 사실-명제의 힘을 갖는 소재에 대해 관객이 구체적 입장을 취할 수

---

33 이때 포드로가 단지 전통적 재현 드로잉뿐 아니라 추상 드로잉 역시 다룬다는 점에 주목하자. 포드로는 티티안의 〈바쿠스와 아리아드네〉를 따라 그린 프랭크 아우어바흐(Frank Auerbach) 니콜라 푸생(Nicolas Poussin)의 작업을 비교함으로써, 그들의 몇몇 회화에서 나타나는 묘사적 공간의 유사성을 밝혔다. 나는 포드로의 방식을 비재현적 예술까지 확장하여 적용하는 것이 가능하다고 생각한다. 바실리 칸딘스키(Wassily Kandinsky), 마크 로스코(Mark Rothko), 잭슨 폴록(Jackson Pollock), 브라이스 마든(Brice Marden)과 같은 예술가의 작품에서조차 관객의 참여가 성공적으로 이루어지기 위해서는 회화를 구성하는 그래픽 요소 사이의 상대적 깊이에 대한 탐색이 필요하다. 칸딘스키와 몬드리안에 관한 포드로의 논의 역시 참고할 만한데, 여기서 포드로는 심지어 비재현적 기획에서조차 이들 화가가 궁극적으로는 그림의 묘사적 기능에 관련된 보편 문제에 천착했음을 보여준다.

건축 드로잉이 작동하는 방식

있음을 뜻한다. 이에 덧붙여 나는 다음과 같이 주장한다.
드로잉 절차, 또는 더 일반화해서 표현한다면 형성작용의
절차의 모양새가 보는 이의 지적 영역 안에서 구체적 관계를
만들 수 있을 정도로 일관성과 지향점을 가질 때, 비로소
포드로가 말하는 현상이 발생할 수 있다. 이러한 경우 묘사는
단순히 보는 이가 종이 위의 표식을 통해 묘사된 대상을
인식하도록 유도하는 것을 넘어, 궁극적으로는 그 대상이
비유를 통해 다른 무언가'로서' 인식되도록 한다. 다시 말해
인공물은 은유의 구조를 취하게 된다.[34]

벽돌 전원주택 드로잉에 대한 상상을 통한 참여

지속적이고 면밀한 비판적 탐색에 호응하여 벽돌 전원주택
드로잉이 어떻게 기능하는지를 이해하는 데 있어 활용하고자
하는 것이 바로 위에 제시한 묘사적 보기의 가설이다. 이 가설을

---

[34] 이 설명은 기본적으로 재현과 예술 작품을 구분하는 잣대로
철학자 아서 단토가 제시한 조건에 동의하는 입장을 따른다. 따라서
"은유는 내가 예술 작품이 지니고 있는 것으로 전제하는 구조 중
일부를 포함한다. 즉, 은유와 예술 작품에서, 대상은 단순히 현시되지
않으며, 현시하는 방식 그 자체의 속성이 그 대상을 이해하는 데 구성
요소가 되어야만 한다." Arthur Danto, *Transfiguration of the
Commonplace* (Cambridge: Harvard University Press, 1981), p.189.

활용하여 해당 계획안에서 투시도의 기능을 이해하는 것은 일단 적절한 듯 보인다. 하지만 평면도의 경우에는 그리 확신할 수 없다. 아무리 상상을 통한 방식이라 할지라도 평면도 읽기는 묘사적 보기의 사례로 보이지는 않는다. 그러나 평면도를 더 깊이 들여다보면 볼수록 이러한 혼선은 정리된다.

    앞서 논한 로우와 슐츠가 벽돌 전원주택 평면도를 읽는 방식을 다시 떠올려보자. 매너리즘을 주제로 하는 에세이에서 로우가 평면도에 매료된 까닭은 초점과 중심의 부재를 구현하는 방식에 있었다. 벽을 재현하는 선형 막대기들은 놀랍도록 탈중심적이고 비반복적인 동시에, 매우 정밀하게 구성된 나머지, 실제로 부적합하거나 쓸모없어 보이는 선이 없다. 마찬가지로 슐츠의 서술 역시 프레임에 전체 구성을 붙잡아 두는 유사한 요소들의 단단한 결합으로부터 어떻게 몇몇 막대기가 자기 힘으로 뛰쳐나오는지에 집중했다. 이로부터 우리는 구성적 균형을 위해 필요한 고정 요소의 수가 넷이라면, 이 평면도에서는 단지 그 갯수가 셋뿐임을 깨닫는다. 평면도에서 실제로 시각적 균형을 잡아주는 것은 오른쪽 별관을 구성하는 작은 막대기 조합이다. 이는 반대쪽에 치우쳐 배치된 더 규모가 큰 본관으로 중심성을 옮기는 동시에 전체적으로는 중심을 정의하지 않는 전략으로, 평면도에 특유의 역동성을 불어넣는다.

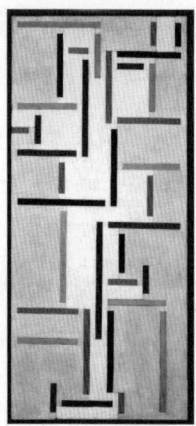

[2] 테오 반 두스부르흐, 러시아 춤의 리듬, 1918

언급한 두 가지 읽기에서 핵심은, 실제로는 2차원 화면 구성의 특질이 그를 통해 투사되는 건물의 특질로 읽힌다는 것이다. 로우에 따르면 초점이 부재하는 곳은 바로 주택의 공간이다. 슐츠에 따르면 외부와 복잡하게 얽히는 곳 역시 바로 주택의 공간이다. 이 모든 것은, 이 평면도 읽기가 앞서 기술된 부류의 묘사적 읽기를 위한 조건을 충족시키고 있음을, 곧 상호주관적으로 합의 가능한 지각적 특질에 기반하여 드로잉 내부에 가상 공간이 만들어질 수 있음을 뜻한다.

여기까지는 그다지 문제될 것이 없어 보이지만, 곧바로 제기될 수 있는 의문 하나가 있다. 로우, 슐츠를 포함한 다른 평자들이 미스의 평면도를 이러한 특별한 방식으로 읽도록 유도하는 것은 과연 무엇일까? 이 질문에 답하려면, 벽돌 전원주택의 평면도와 놀라울 만큼 닮은 테오 반 두스부르흐의 1918년작 〈러시아 춤의 리듬〉[2]이 미스의 작업에 어떤 영향을 미쳤는지에 대한 비평가와 역사가 사이의 오랜 논쟁을 짚어볼 필요가 있다. 현재는 뉴욕 현대 미술관에서 소장 중인 이 그림의 영향에 대해, 미스 자신은 간접적으로, 그리고 그의 조력자들은 끊임없이 부인해왔다.[35] 그런데 건축 드로잉이 작동하는

---

35 이 논쟁의 역사를 일람하려면, 다음을 참고하라. Wolf Tegethoff, *Mies van der Rohe: Villas and Country Houses, op.cit.*, pp.49-51.

건축 드로잉이 작동하는 방식

방식에 관해 우리가 지금껏 추론한 내용이 시사하듯 이런 식의 논쟁은 정작 중요한 사안을 놓치고 있다. 미스가 설사 반 두스부르흐의 그림을 이미 온전히 알고 있는 상황에서 그의 평면도를 그렸다 하더라도, 그 영향에 대해 논하는 것은 그다지 생산적이지 못하다. '영향'이란 그 그림이 미스에게 어떤 효과를 미쳤음을 의미하는데, 이는 마이클 박산달Michael Baxandall이 이미 깊은 통찰력으로 간파했듯이 실제 행위의 주체-객체agent-patient 관계를 거꾸로 뒤집어 이해하는 것이다.[36] 오히려 더 중요한 질문은 미스가 이미 그 그림을, 또는 적어도 그것과 비슷한 그림에 대해 이미 알고 있었다는 전제 아래, 미스가 이 지식으로 과연 무엇을 했는가다.

이 질문에 나는 미스가 자신의 지식을 은유화했다고 답할 수 있다. 벽돌 전원주택 평면도에서 주택의 공간 배치는 데 스테일 방식의 그림으로 제시되는데, 이는 이와 같은 그림의 모양새를 평면도로 묘사함으로써 이루어진다. 이것이 의도적인 행위인지 아닌지를 증명하는 것은 중요한 문제가 아니다. 중요한 것은, 이 평면도의 주요한 특질을 판단하는 데 평면도를 그림으로 보는 것이 유용하다는 점이다. 로우는 물론이고,

---

36 Michael Baxandall, *Patterns of Intention* (Yale: Yale University Press, 1985), pp.58-60.

더 중요하게는 미스의 계획안이 겨냥했던 당대 관객처럼 이러한 부류의 그림에 익숙한 평자라면, 미스의 평면도를 보면서 반 두스부르흐의 그림이 떠오를 것이다. 이로써 보는 이는 그 혁신적 구성의 특질에 매우 즉각적으로 주목할 수밖에 없다. 게다가 이 평면도는 그 안에 이 그림의 묘사를 포섭함으로써, 보는 이로 하여금 동시대 회화에 내재된 구성의 이슈를 건물 공간 안으로 매핑하도록 유도한다. 예를 들어, 규정된 초점이나 테두리 없이 어떻게 시각적 통일감을 유지할 수 있는지, 또는 묘사하는 공간을 납작하게 읽도록, 반면에 그 표면의 매체적 물성은 인식하지 못하도록 어떻게 긴장감을 유지할 것인지 등이 바로 그림과 공간이 공유하는 대표적 이슈다.

이처럼 은유로서 미스의 평면도가 지닌 실제 구축적 특질, 특히 다소 예측 불가능한 불확실성이나 전반적으로 스케치와 비슷한 특질은, 이 평면도가 담아내는 의미체의 한 부분으로 작동한다. 이 평면도는 여전히 미해결의 단계에 머물러 있음에도 불구하고, 역설적으로 비교 가능한 비슷한 시기의 다른 어떤 관습화된 전원주택Landhaus의 평면도보다도 월등히 팽팽한 구성력을 선보인다.[3] 이 평면도에서 전반적인 구성의 질을 저해하지 않으면서 이동시킬 수 있는 벽은 내외부 어디서도 찾아볼 수 없다. 다시 말해, 이 평면도에 나타나는 불완전성을 단순히 미스가 직면하고 해결하고자 했던 계획

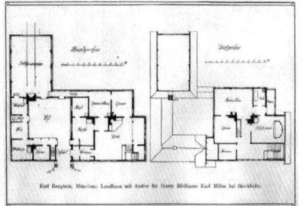

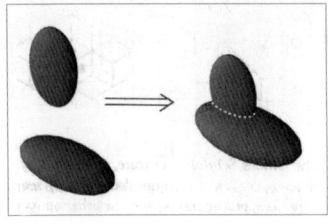

[3] 카를 벵스톤, 카를 밀레스를 위한
란트하우스와 아틀리에, 스톡홀름,
1906-07

[4] 호프만의 제14규칙을 보여주는
다이어그램, 1998

건축 표기 체계

과정에서 복잡한 문제의 징후라고 할 수는 없다. 게다가 평면도의 불완전성이 계획의 문제에서 비롯되었다 하더라도, 여전히 계획의 어느 단계에서 그것이 전시할 만하다고 미스가 판단했는지에 대한 질문이 이어질 수 있다. 불완전성은 오히려 디자인 절차의 모양새를 담아내는 데 있어 특히 필수적인 바로 그것, 곧 단일한 유형 요소로서 그 규모와 변곡의 다양한 변용을 통해 복합적 공간 환경을 구성하는, '벽'을 뚜렷하게 드러내기 위한 전략이었다.

    디자인의 다른 양상, 예를 들어 기단, 지붕선, 레벨 변화 등을 표시하는 그래픽 요소가 이 드로잉에는 없다. 따라서 우리는 서로 평행하기도 하고 서로 직각으로 만나기 직전 멈추기도 하고, 가령 바람개비와 유사한 구성적 구상을 반복적으로 형성하기도 하는 막대기들 가운데 전개되는 다양한 공간 관계에 집중하게 된다. 평면도는 매우 구체적이고도 경험적인 방식으로 계획안의 가장 핵심이 되는 예술 개념, 곧 벽돌의 구축성을 바탕으로 하는 완전히 새로운 건축 양식의 생성이 도달할 수 있는 지점을 뚜렷하게 보여준다. 특정 건설 재료에 의해 정의되는 구축 논리를 근거로 새로운 양식을 수립하는 문제는 20세기 초반 독일 건축에서 활동했던 미스를 비롯한 당대 건축가와 그 이전 세대가 함께 고민했던 것이다. 이 이슈를 소환함으로써 계획안은 매우 근본적인 방식으로 미스의 기획을 당대 문화적 맥락 속에 자리매김하고, 디자인에 개념적 의미체를 제공했다.

투시도 읽기의 메커니즘은 평면도 읽기와 비슷하면서도 조금 다르다. 다시 한 번 지적하지만, 우리에게 중요한 질문은 드로잉 절차의 모양새가 우리의 타고난 지각 행태를 어떻게 활용하여 제시된 건물의 형성작용에 기여하는가다. 이러한 지각 행태 중 이 경우 가장 관련성이 높은 것은 가시 환경에서 3차원 객체를 체계적으로 파스하는 경향이다. 이것은 우리 시각 체계에 이미 내재된 일련의 규칙에 따라 무의식적으로, 또는 전산computational 활동을 요구하기도 하는 방식으로 3차원 객체를 비교적 단순한 여러 개의 객체로 분석하여 인식하려 한다.[37] 우리 시각 체계는 예외 없이 오목한 모양의 안쪽 모서리를 교차하는 두 개의 다른 객체 사이의 교차점으로 인식하며, 또한 복잡한 객체의 경우 그 안쪽으로 접힌 모서리를 두 개의 객체가 서로 침투하여 만나는 선으로 인식한다.[4]

따라서 우리 앞에 벽돌 전원주택이 실제로 있다고 가정하면, 우리는 그 건물의 매스 구성을 어떤 복잡한 3차원의

37　D. D. Hoffman and W. A. Richards, "Parts of Recognition," *Cognition*, 18 (1984), *op. cit.*, pp.65-96. 언급된 발견이 놓인 보다 광범위한 맥락에 대한 연구는 다음을 참고하라. Hoffman, *Visual Intelligence*, pp.82-83.

객체로 보기보다 교차하는 단순한 상자들의 비대칭적 배치로 보게 된다. 이 투시도에서 나타나는 드로잉 절차의 모양새는 명백히 이러한 방식의 읽기를 강요한다. 곧, 벽돌 벽으로 둘러싸인 볼륨의 묘사에서 두 가지 다른 톤을 활용함으로써 수직 모서리를 뚜렷하게 강조하고 있다. 더 세밀하게는, 벽 표면과 비교하여 크게 차이가 나는 톤을 사용해 더욱 선명하게 구분되는 방식으로 칠해진 확장하는 콘크리트 슬래브와 벽돌 벽에 덧대어진 갓돌의 전략적 배치는 상층부와 하층부의 볼륨을 명확히 구분해준다.

　이 투시도가 드러내는 드로잉 절차의 모양새는 따라서 상자들의 복합적 구성으로서 전원주택이라는 은유를 생성한다. 그리고 이 은유는 계획안의 평면도를 지배했던 주제와 매우 강력하게 조응한다. 중정의 바닥면, 지면, 정원 등의 수평면이 이 드로잉에서는 완벽하게 소거되는 반면, 오직 벽과 관련된 정보만이 제한적으로 주어진다. 놀라운 기교와 묘사력으로 그림자와 톤을 사용하고 있는 이 드로잉을 통해 우리가 알 수 있는 것은 벽의 비율이 온전히 수평성에 의해 지배되는 것을 넘어 그 벽의 수평적 지향성을 심연으로부터 드러내는 방식으로 드로잉이 구축되었다는 점, 그리고 이에 더해 벽에 덧대어진 갓돌마저도 그에 못지않게 중요하다는 점이다. 무엇을 묘사할지, 그리고 무엇을 생략할지 등에 대한 선택은 이

주택의 본질이 모서리에 놓인 수평면들의 풍경이라는 감각을 강화한다. 그리고 마지막으로 주목할 점은, 단 한 장의 시각적 이미지를 위해 주택에서 멀리 떨어진, 수평선보다 현저하게 낮은 외부 시점을 선택했다는 것이다. 이러한 선택은 단지 자의적이거나 양식에 따른 전략이 아니며, 미스와 동시대를 살았던 사람들에게는 훨씬 더 강한 의미와 가치를 가졌을 것이다.

벽돌 전원주택 계획안은 교외 주택의 외관, 곧 그 건물이 풍경 안에서 놓이는 방식과 특정 시점에 맞춰 드러나는 방식이 그 건물을 비평적으로 판단하는 중요한 기준이었던 시기에 지어졌다. 이러한 맥락 안에서, 이 투시도를 그리는 과정에서 이루어진 선택들은 일련의 구체적 기준에 빗대어 건축을 판단하는 데 이미 익숙한 관객층을 겨냥한 것이었다. 이러한 관객층에게 투시도에서 파악되는 주택이 지닌 빌라로서의 시각적 특성과 거의 알아볼 수 없을 정도로 완벽하게 생소한 평면도의 특성 사이에서 즉각적으로 파생되는 대조성은 매우 강한 인상으로 남았을 것이다.[3] 다시 말해, 미스의 벽돌 전원주택 투시도가 달성한 시각적 성공은 상당 부분 이 투시도가 기존 전원주택의 프레젠테이션 방식을 성공적으로 상기시킨 데서 비롯한다.

벽돌 전원주택 계획안의 드로잉에 대해 그간 유독 예리한 비평이 많았던 이유는, 이들 드로잉이 지닌 시각적 은유를 생산해내는 능력 때문이다. 그리고 이러한 시각적 은유의 매체는 묘사적이고 시각적인 재현인데, 예를 들어 회화의 모양새가 평면도에 포섭되고, 전통 주택 투시도의 모양새가 얼핏 보기에 벽돌 조적의 블록들로 인식되는 드로잉에 포섭되는 식이다. 이 두 가지 재현을 통해 작동하는 은유의 기능은 형성작용formulation의 기호와 대상의 묘사 사이에 발생하는 적절한 상호작용을 적당히 훈련된 관객이 지각할 수 있도록 유도함으로써, 보는 이가 현시되는 건축에 상상을 통해 참여하도록 돕는 것이다.

건축과 재현

이렇게 상상을 통해 드로잉을 보는 방식은 미학적 매체로서 건축과 관련하여 몇몇 놀라운 결론을 우리에게 제시한다. 다른 무엇보다 여기에는 흥미로운 대칭성이 작동한다. 벽돌 전원주택 계획안이 어떤 시각 신호를 제공하도록 디자인되었다면 이를 디자인한 사람은 시각 신호를 직접 다룬다는 말이다. 드로잉이 취하는 형식, 곧 스케치와 유사한 평면도 및 투시도는 단지 프레젠테이션을 위한 형식이 아니다. 작동하는 매체이기도 하다. 이 사실은 우리에게 건축적 사고가 근본적으로 시각적 특질을 지녔음을 일깨워준다.

건물이 특정한 시각적 방식으로 분석될 수 있다면, 우리는 건물을 풍요로운 상상을 통해 참여 가능한 형태로 인식할 수 있다. 역으로 건축가는 우리의 이러한 타고난 지각을 일부 활용하여 지각에 직접 개입함으로써 의도적으로 특정한 시각적 분석이 가능한 디자인을 고안할 수 있다. 이렇듯 디자이너가 그의 생각이 현시되는 시각 매체를 직접 다룬다는 의미에서 건축은 알로그래픽allographic 예술보다는 오토그래픽autographic 예술에 가깝다.[38] 따라서 건축에서 드로잉의 중요성은 다시 한 번 제기된다. 드로잉은 단지 작품의 재현이 아니라 실제 작품이다.

그러나 우리는 또 한번 역으로 제기되는 문제에 맞닥뜨린다. 상상을 통한 건축에 대한 참여의 모든 무게를

---

38 알로그래픽과 오토그래픽의 구분은 굿맨의 『예술의 언어들』의 112-114쪽에서 처음 도입되었다. 알로그래픽 예술에서 실제 작품은 완벽하면서도 유일한 방식으로 표기 도식으로 명시될 수 있다. 시 또는 교향곡이 대표적이다. 이러한 명시가 회화와 같은 오토그래픽 예술 작품의 경우에는 가능하지 않다. 이러한 구분을 활용하여 굿맨은 왜 회화와 같은 부류의 예술 형식은 위조가 가능한 반면, 왜 시와 같은 부류의 형식은 위조가 불가능한지 등의 의문에 대한 답을 제시했다. 건축의 경우에는 굿맨 스스로 그의 책 221쪽에서 인정했듯이, 이러한 구분이 다소 문제가 될 수 있지만, 어쨌든 굿맨은 일단 일반적인 건물의 경우 건축을 알로그래픽 예술로 간주하는 편이다.

묘사적 드로잉에 떠넘기고 마치 드로잉에게 건축 작품으로서 독점적 자격을 부여한 것처럼 보일 수 있다. 이는 앞서 다루었던 에반스가 느꼈던 불편함, 곧 이러한 생각이 궁극적으로는 실제 건물이 참여하는 사회 문화적 문제로부터 건축 작품을 유리시킬지도 모른다는 불안감을 상기시킨다. 드로잉이 문화적 의의를 견인하는 은유를 통해 상상을 통한 참여를 독려하고 지속시킨다는 생각은 이러한 불편함을 일부 경감시키기는 하지만 또 다른 문제를 남긴다. 상상을 촉발하는 목적으로 드로잉을 활용하는 것이 적어도 서양 고전 건축 전통 안에서 생산되었던 건축에서 중심적 양상이었다는 것은 오래된 사실이다. 그러나 드로잉을 체계화된 묘사 매체로 활용하는 것이 결코 표준이었다고 할 수 없는, 여전히 서양 고전 건축 밖에 있는 다른 건축적 전통에서도, 상상을 통한 참여를 독려하는 건물 또는 건물의 집합체는 있었다.

    이러한 전통, 예를 들어 인도 중세 종교 건축이나 고딕 건축에도 기술적technical이거나 실용적인 부류의 드로잉은 존재했으나, 이러한 드로잉이 묘사적 보기를 통해 창조되는 독립적인 시각적 관심의 원천이 되지는 못했다.[5] 그렇다면 건축 드로잉 읽기에 대한 우리의 가설이 이러한 전통에도 적용될 수 있을까? 이 질문에 답하기 위해서는, 묘사적 보기에 대한 가설을 드로잉의 영역에서 건물의 영역으로 전환해야만 한다.

[5] 성 스테판 대성당 평면, 비엔나, 16세기

[6] 마이클 마이스터가 그린 라지발로차나 신전, 1990

[7] 루돌프 비트코버가 분석한 성 프란체스코 델라 비냐 성당의 파사드, 1952

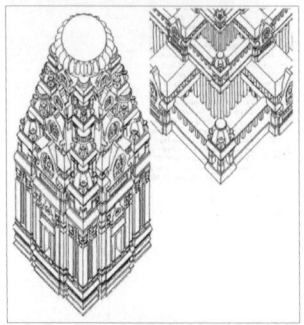

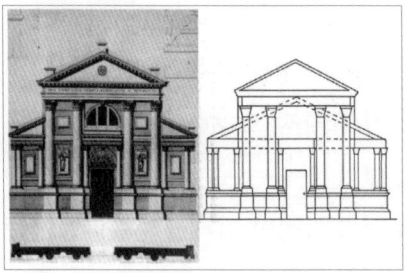

건축 표기 체계

여기서 핵심은 건물이 명백하게 묘사적이지 않은 것처럼 보인다는 점이다. 신발, 오리, 핫도그 모양의 건물과 같이 매우 제한적이고 비전통적인 사례를 제외하면, 건물은 대개 다른 무언가를 재현하기 위해 시각적으로 구축되지는 않는다. 실제로 미학 분야에서 나온 상당수의 연구에서 건축은 마치 음악과 같은 비재현적 예술로 다뤄진다. 이는 건축을 구성하는 대부분이 회화나 소설처럼 본질적으로 묘사적인 것과는 구별되는 비묘사적인 것들인 까닭이다.[39]

그러나 건물이 지닌 모든 추상성에도 불구하고 건물은 적어도 한 가지 부류의 인공물을 묘사하는 데 특화되어 있다. 이 인공물은 바로 그 건물 외의 다른 건물, 또는 건물과 유사한 사물이나 인공물이다. 이 사실을 인정하는 순간, 다른 건물이나 그것의 일부를 재현하는 것이 건축에서 드물고 주변적인

---

39 예를 들어, "회화나 연극이나 소설과 다르게 건축 및 음악 작품이 기술적이거나 재현적인 경우는 매우 드물다. 몇몇 흥미로운 예외의 사례를 제외하면, 건축 작품은 외연하지 않는다. 곧, 건축 작품은 기술(describe)하거나, 상술(recount)하거나, 묘사(depict)하거나, 묘출(portray)하지 않는다. 건축 작품은, 그것이 어쨌든 어떤 것을 의미한다면, 다른 방식으로 의미한다." Goodman, "How Buildings Mean," *Reconceptions in Philosophy and Other Arts and Sciences*, eds. Goodman and Catherine Elgin (Indianapolis: Hackett, 1988), p.31. 이와 유사한 입장으로는 Roger Scruton, *The Aesthetics of Architecture* (Princeton: Princeton University Press, 1979)를 참고하라.

양상이 아니라, 특정 유형이나 양식, 심지어는 그 전통 전체의 근거로 작동하는 중심적 양상임이 명확해진다. 세 가지 정도의 사례를 무작위로 꼽으면,

① 중세 인도 사원의 상부 구조물 디자인.[6] 인도 사원의 상부 구조물은 (그 모든 양식적 변용에 있어) 실제 건물이나 건물의 부분으로 인식될 수 있는 것의 묘사가 반복하여 형상화된 층으로 이루어져 있다. 사원의 상부 구조물이 참조하는 다양한 상징체 가운데 하나가 천상의 도시, 특히 데바스devas의 거처인 메루Meru 산이다. 상부 구조물의 구성을 읽기 위해서는 반드시 그 구성 요소를 실제 건물의 묘사로 읽어야만 한다.[40]

② 팔라디오Palladio가 베네치아 교회의 파사드 디자인을 위해 고전적 사원의 전면을 활용한 것, 그리고 이후 상당수의 건물 디자인에서 지속적으로 사용한 전략.[7] 여기서 재차 주목할 만한 묘사의 방식은, 고전적 소재를 디자인 어휘의 요소로 활용하기 보다 오히려 고대 사원의 전면 전체를 구성적

40　산과 동일시되는 인도 사원의 전통적 개념은 다음 글에서 제시되었다. Stella Kramrisch, *The Hindu Temple* (Calcutta: University of Calcutta Press, 1946). 사원 형태가 동시대 궁전 건축 요소에 대한 묘사를 담고 있음은 마이클 마이스터가 여러 편의 글에서 논의한 바 있다. 예를 들어 다음을 참고하라. Meister, "De- and Re-Constructing the Indian Temple," *Art Journal*, 49 (1990), pp.395-400; Meister, "Prāsāda as Palace: Kūṭina Origins of the Nāgara Temple," *Artibus Asiae*, 49 (1989), pp.254-280.

문제의 해결책으로 활용한 것이다. 루돌프 비트코버Rudolf Wittkower가 지적했듯, 팔라디오는 고대 사원의 전면을 르네상스 교회의 매우 다른 비례와 분할에 맞추어야 하는 문제를 해소하기 위해, 크기와 비례가 다른 서로 다른 두 개의 전면을 중첩하는 재기발랄한 전략을 취했다. 오직 묘사적 방식으로 볼 때에만, 우리는 비로소 이 파사드에 대해 일관되고 합리적인 독해가 가능하다.[41]

③ 콜린 로우가 "현상학적 투명성"이라고 불렀던 1920년대에 르 코르뷔지에가 그의 도시와 교외주택에 도입했던 마치 관념적으로 중첩된 면들과 같은 건물들로서의 시각적 외형.[42] 이들 주택의 팽팽하게 당겨진 면과 같은 파사드에 치밀하게 적용된 파내기, 개구부 내기, 유리면의 활용을 통해 르 코르뷔지에는 파사드의 면 뒤로 때로는 오직 간접적인 감각으로만 존재하는 연이어 중첩되는 면들을 암시적으로 드러낸다. 이러한 구성은 추상 회화에서 나타나는 중첩면과 비슷한 효과를 낸다. 다시 말해, 여기서 묘사되는 대상은 면이나

---

41 Rudolf Wittkower, *Architectural Principles in the Age of Humanism* (London: Alec Tiranti, 1952), pp.80-84.

42 Colin Rowe, "Transparency: Literal and Phenomenal," in *The Mathematics of the Ideal Villa and Other Essays* (Cambridge: The MIT Press, 1976), pp.159-183. 원본은 다음 책에 게재되었다. *Perspecta*, 8 (1963), pp.45-54.

볼륨 등의 추상적 구성 요소의 집합체다.

이 건물들은 모두 시각적으로 조직된 재현이나 묘사다. 중세 인도 사원의 상부 구조물은 건물들의 군집을, 팔라디오의 교회는 중첩하는 사원들을 재현한 것이다. 그리고 르 코르뷔지에가 초기에 파리에 설계한 주택은 공간 속에 모호하게 배치된 면들을 재현한 것이다.

이 모든 경우에 건물은 마치 벽돌 전원주택 드로잉이 작동하듯이 작동한다. 이들 건물은 시각적 인공물로 제시되는데, 이 시각적 인공물은 그것의 형성작용에 대한 보는 이의 집중을 통해 분석 가능하다. 간단히 말해 묘사는 그 자신의 형성작용에 대한 지각적 집중을 유도하는 방식의 읽기를 촉발한다.[43] 위의 사례들이 드로잉과 비교할 때 지닌 유일한 차별점은, 그 형성작용의 절차가 구축되는 매체가 다르다는 것뿐이다. 드로잉에서 매체는 종이 위의 표식들이었고, 이와 관련된 것은 이러한 표식들의 배치에 따라 어떤 구상을 보는 우리의 타고난 성향을 활용하는 예술가의 능력이다.

우리는 특히 벽돌 전원주택의 투시도에서, 묘사의 전략이 어떻게 복잡한 3차원 형태를 단순한 형태로 체계적으로 파스하는 우리의 타고난 성향[4]을 활용하여 작동하는지 살펴보았다. 바로 위의 사례들에서 실제로 구축적이고 세부적인 사항들, 곧 비교적 대규모 매스의 병렬 배치, 홈과 같은 분별적 요소와 코니스의 활용, 그림자를 조정하기 위한 다양한 투사법의 활용, 건물 요소를 병치된 면으로 활용하기 등은 벽돌 전원주택의 투시도 안에서 드러나는 드로잉 절차의 모양새와 유사한 시각적 조직화의 전략들이다.

다시 강조하지만 이 세 가지 사례에서 단순히 묘사되는 대상을 현시하는 것은 그다지 건축적으로 중요한 문제가 아니다. 이들 건물이 실제로 다른 건물이나 공간 속의 추상적인 면에 '관한' 것이라고 주장하는 것은 명백히 이치에 맞지 않는다. 오히려 실제 건물에서조차 보는 이가 건물이 취하는 적절한 시각적 조직화의 전략에 주목하도록, 그리고 이러한 주목을 통해 건물이 아닌 다른 무엇으로서의 건물에 관여하도록 가능케 하는 것이 바로 묘사라는 가설이 더 합리적일 것이다.

---

43 체계적 절차의 조작을 통해 디자인 목표의 능동적인 재형성화가 디자인 과정에서 개입한다는 생각은 디자인 과정의 본질을 탐구하는 여러 분야에서 상당 부분 이미 논의된 것이다. M. Gorman and B. Carlson, "Interpreting Invention as a Cognitive Process," *Science, Technology, and Human Values,* 15 (1990), pp.131-164; C. Keller and J. Keller, *Cognition and Tool Use* (Cambridge: Cambridge University Press, 1996), pp.108-129. 이 두 연구 모두 디자인 과정의 인지적 측면을 다루고 있다. 건축에서 디자인 과정이 본질적으로 체화된 개념적 논제의 재형성화를 그 목표로 한다는 주장은 다음을 참고하라. John Peponis, "Formulation," *The Journal of Architecture,* 10, no.2 (2005), pp.119-134.

묘사에 대한 이러한 주장이 보는 이의 참여를 성공적으로 끌어내는 건축 작품은 반드시 시각적이어야만 한다는 주장으로 이어지는 것은 아니다. 우리가 소리, 촉각적인 지각의 단서, 온도 변화 등과 같은 다양한 종류의 방식을 통해 건물과 조응한다는 점은 명백하다. 단, 상상을 통한 참여의 과정에서 시각 요소가 주요하게 작동하는 경우, 현시의 묘사적 매체 형식이 핵심적 역할을 할 수밖에 없다는 것이 나의 생각이다.

이러한 사고방식은 재현과 관련된 더 보편적 문제와 연결되기도 한다. 재현의 문제가 미학에서 중요한 이유는 그것이 예술 작품의 의미를 생성하는 하나의 근본적 기제로 간주되기 때문이다. 건축 미학 이론을 체계적으로 정립하고자 했던 소수의 학자 가운데 하나였던 로저 스크루튼Roger Scruton은 재현적 예술 작품의 의미는 그 작품이 특정 소재를 현시하는 사실로부터 비롯되며, 인공물에 대한 미학적 경험은 그 소재에 대한 사고와 융합된다고 주장했다.[44] 그러나 이는 묘사에 대한

---

44 "재현적 예술 작품의 대상은 그것을 이해하면서 보거나 읽고 있는 이의 생각의 대상이기도 하다." Roger Scruton, *The Aesthetics of Architecture*, op. cit., p.186. 스크루튼에 따르면, 문자로 이루어진 작품 역시 재현적인 것에 포함된다는 점 또한 유의하자. 곧, 스크루튼은 재현을 굿맨의 외연(denotation)과 유사한 의미로 사용한다. 어찌 되었든, 이어지는 글에서 논의되는 사례는 두 가지 의미의 경우 모두에 공통적으로 해당되며, 묘사로서 재현이라는 보다 좁은 의미의 경우에도 해당된다.

경험의 현상학을 설명할 때에만 성립할 수 있는 주장이며, 만약 예술 작품에 예를 들어 구상 회화에 묘사된 대상과 같은 소재가 존재한다면, 결국 그 작품의 의미는 그 소재에 관한 말 또는 생각과 실제로 연관된 것이어야 한다는 주장을 함축하고 있다.

스쿠르튼의 주장에 따르면, 재현은 소재에 관한 구체적 명제를 생성함으로써 의의를 갖는다. 그러나 지금껏 논의한 건축에서 묘사가 작동하는 방식을 돌아보면, 우리는 재현의 다른 역할을 제시할 수도 있을 것이다. 예술 작품에서 재현의 기능은 소재에 관한 명제를 생성하는 데 있지 않다. 재현은 오히려 인공물에 대한 적절한 읽기를 구조화하는 수단으로 작동하는 지시체, 곧 무언가에 관한 무언가를 창조할 수 있는 능력을 지니고 있으며, 바로 이것이 재현이 갖는 의의다.[45]

재현을 보는 이러한 방식이 가지는 장점은 건축 작품의 의미가 지시되는 대상으로 축소되지 않고 오히려 그 작품이 주의 깊은 독자가 통찰력 있는 방식으로 만들어내는 개념적 의미체로 나타날 수 있도록 해준다는 데 있다. 여기서 개념적 의미체란 따라서 건물의 특징이라기보다는 읽기의 속성이다.

---

45 지시(reference)로서 재현에 관한 매우 설득력 있는 주장은 다음을 참고하라. Danto, *Transfiguration of the Commonplace, op. cit.*, pp 71-74.

이 가설에 따르면 건물의 다중적 '의미들'이 가능해진다. 그러나 이 의미들은 여전히 인공물에 대한 지각적 참여에 의해 촉발되는 까닭에 그리고 보는 이는 어찌되었든 건물 안에 묘사된 것을 보지 않을 수 없으며, 그것을 마냥 자유롭게 상상할 수는 없다는 점에서, 지금의 가설이 걷잡을 수 없는 극단적 상대주의로 이어지지는 않는다. 다소 수정이 필요할 수는 있지만 나는 이 가설이 제시하는 첫걸음만큼은 우리가 안전하게 동의할 수 있다고 생각한다. 재현은 예술 작품을 만드는 데 있어 궁극적 '목표 또는 종착점end'이 아니며, 예술을 상상을 통해 참여 가능한 의미의 개체로 변용transfiguration시키는 '수단means'으로 작동한다.

감사의 말

이 글의 초안에 대해 너그럽고도 상세한 논평을 해준 필립 스테드먼Philip Steadman에게 감사한다. 건축에서 드로잉의 역할에 관한 논지를 정리하는 데 빌 포터Bill Porter가 큰 도움을 주었다. 본문에서 제시한 몇몇 아이디어는, 조지아공과대학교 건축 대학에서 존 페포니스John Peponis와 나눈 토론, 그리고 2007년과 2008년 사이에 있었던 대학원생들과의 세미나에서 도출되었다. 그중에서도 특히 카리나 안투네즈Carina Antunez, 현명석, 이현경,

앨리스 비알라르드Alive Vialard에게 감사한다. 이 글은 2006년 6월 런던 정경대학교와 코톨드인스티튜트가 공동으로 주최한 〈미메시스와 유명론: 예술과 과학의 재현〉이라는 주제의 심포지움에서 발표했던 논문에서 비롯되었다.

지은이 소닛 바프나(Sonit Bafna)

인도 환경계획기술센터(CEPT)에서 건축을 공부했고, 미국 매사추세츠공과대학교에서 석사학위를 받았다. 조지아공과대학교에서 미스 반 데어 로에의 평면을 영미권 예술사의 접근 방식과 과학적 분석을 토대로 새롭게 해석한 논문으로 박사학위를 받았다. 현재 조지아공과대학교 건축학과 교수로 재직 중이다. 건축과 도시를 형성하는 구조와 원리, 그리고 이들 환경이 사회, 문화, 인간의 창조적 삶과 맺는 관계에 대한 다양한 연구를 지속적으로 하고 있다. 건축과 도시는 물론 인간 행태, 지각, 공간, 재현, 미학, 해석학 등 다양한 주제와 분야를 넘나드는 다수의 글과 논문을 출판했다.

옮긴이 현명석

서울시립대학교 학부와 대학원에서 건축을 공부했다. 미국 조지아공과대학교에서 세계대전 이후 미국 건축 사진과 이론에 대한 연구로 박사학위를 받았다. 케네소우 주립대학교, 경남대학교, 백석예술대학교, 서울시립대학교, 한양대학교에서 건축 역사, 이론, 디자인 등을 가르쳤다. 『The Journal of Architecture』, 『건축평단』, 『와이드AR』, 『Space』 등에 논문과 글을 발표했다. 공저로 『건축 사진의 비밀』(2019)을 펴냈다. 현대 건축 재현과 매체, 시각성, 디지털 건축에 대한 연구와 저술에 몰두하고 있다.

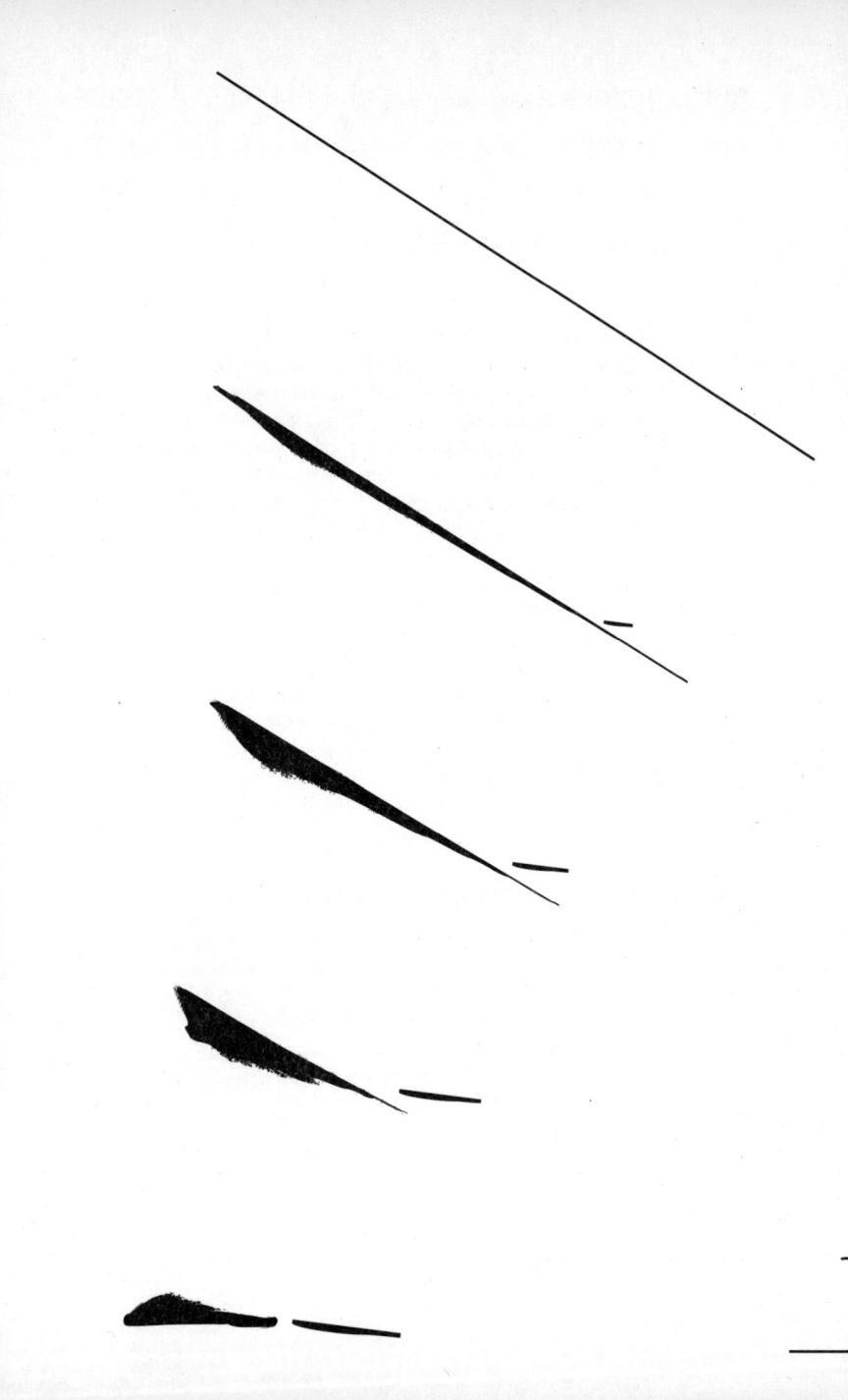

서
막

마리오 카르포

소개하는 글

「서막」, 마리오 카르포
— 현명석 —

소개하는 글

마리오 카르포Mario Carpo는 『인쇄 시대의 건축Architecture in the Age of Printing』(2001), 『알파벳과 알고리듬The Alphabet and the Algorithm』(2011), 그리고 가장 최근 발표한 『두 번째 디지털 전환: 지능 너머의 디자인The Second Digital Turn: Design Beyond Intelligence』(2017) 등의 책을 포함한 활발한 저술 활동을 통해, 알베르티 이후 오늘날까지의 서양 근현대 건축사를 건축 재현의 매체 및 기술에 따른 패러다임 및 전환의 역사로 다시 쓰고 있다. 카르포에 따르면 서양 건축의 역사는 패러다임 전환에 따라 크게 세 토막, 또는 그가 말하는 "두 번째 디지털 전환" 이후에 한 토막을 덧붙여 네 토막 정도로 나눌 수 있다. 첫 번째 토막은 알베르티 이전의 건축, 두 번째 토막은 알베르티 이후부터 근대 건축을 지나 1990년대 초반까지의 건축, 세 번째 토막은 그후 디지털 혁명이 주도하는 최근까지의 건축이다. 네 번째 토막은 아직은 실험적 탐색 내지는 징후 정도로만 파악되는, 인공 지능이 실로 자기만의 논리를 통해 주도하는 진정한 탈인본적 디자인과 생산의 건축이다. 카르포의 이러한 구분은 양식이나 축조술 등의 기술 진보에 따른 구분과도 다르며, 본질적으로 건축 재현의 매체 및 기술이 규정하는 디자인과 생산의 패러다임, 그리고 여기에서 비롯된 건축적 지식의 재구성 방식을 따른다. 이러한 전환의 역사 쓰기에서 카르포에게 가장 중요한 인물이 바로 알베르티다. 여기서 소개하는 『알파벳과 알고리듬』의 두 번째 장 「서막The Rise」은 바로 알베르티와 그 전후의 시기에 촉발되었던 새로운 패러다임의 기원에 관한 서술이다. ¶ 카르포가 주목하는 매체와 기술은 일차적으로 건축 재현의 문제이므로, 그가 건물을 짓는 생산의 과정 속에서 재현의 필요성이 애초에 제기되었던 시기, 곧 알베르티가 속해 있던 초기 르네상스(카르포는 만프레도 타푸리Manfredo Tafuri의 역사 분류에 따라 이 시기를 "초기 근대"라 부르기도 한다)의 역사에 주목하는 것은 당연한 일이다. 알베르티가 가져온 패러다임의 전환을 설명하는 데 있어 카르포는 넬슨 굿맨의 오토그래픽과 알로그래픽 사이의 구분을 본격적으로 자신의 논의에 도입한다. 굿맨의 구분을 간단히 설명하면, 오토그래픽 예술과 기술에서 어떤 작품이나 작업의 저자와 저자성, 진정성authenticity은 구체적 생산의 역사에 따라 결정된다. 반면 알로그래픽 예술과 기술에서 그것은 표기법에 의해 전이되고 유지된다. 다시 말해 후자의 체계에서는 표기 체계와 매체를 따라 하나의 재현으로부터 또 다른 재현으로 저작권과 진정성이 무리 없이 이동할 수 있다. 카르포가 보기에 알베르티는 서양 건축을 알로그래픽 예술 또는 기술에서 오토그래픽 예술 또는 기술로 바꾼 장본인이다. 알베르티가 건축가의 작업을 건물 짓기가 아닌 건축 디자인으로 규정하는 순간, 즉 건물 디자인을 드로잉으로써 구현하는 건축가architect와 실제로 건물을 짓는 시공자builder를 구분하는 순간, 건축은 필연적으로 오토그래픽에서 알로그래픽으로 전환될 수밖에 없다. 건축 프락시스가 알로그래픽의 방식을 취해야만, 다시 말해 투사 등의 표기 체계가 드로잉과 건물 사이의 동일성을 확보해야만, 드로잉을 그리는 건축가가 실제로는 시공자가 건설하는 건물의 저자로서 자리를 유지할 수 있기 때문이다. ¶ 알베르티의 표기에 대한 집착이 마침내 향하는 이상적인 상황은 건축가 및 저자가 그리는 건물이 건물 짓기를 실천하는 시공자에게 오류 없이 전달되고, 아무 변화없이 온전하게 실제 건물로 지어지는 것이다. 알베르티가 이 목적을 달성하기 위해 제안한 것은 표지index적인, 또는 수화digitization를 통한 매핑mapping의 방식이다. 그런데 흥미로운 점은 이러한 분절적discrete 재현 방식이, 이후에 등장하는 두 가지 다른 지시 패러다임, 곧 표준화에 근거한 동일성의 패러다임인 알파벳의 패러다임과 알고리듬에 근거한 변이의 패러다임의 공통된 뿌리라는 점이다. 전자의 역사는 카르포의 전작 『인쇄 시대의 건축』에 보다 자세히 서술되어 있다. 요약하면, 알베르티와 거의 동시대에, 또는 그보다 조금 늦게 상용화된 인쇄 기술을 통해 그가 꾸었던 동일시의 꿈은 상당 부분 현실이 된다. 건축가가 투사와 스케일을 활용해 그린 건물 그림이 필사가 아닌 인쇄를 통해 유통되면서, 이곳에서 저곳으로, 바로 그 건축가 및 저자의 작품으로서, 동시에 오류를 최소화하는 방식으로 이동할 수 있게 된 것이다. 그런데 이 과정에서 디자인과 건물 사이의 동일시를 매개하는 인쇄 기술은 보다 근본적인 디자인과 생산의 패러다임으로 확장된다. 다시 말해, 건축을 담아내는 인쇄물은 일종의 디자인 카탈로그로 작동하게 되는데, 결국 건축 디자인 작업은 건축가가 주어진 조건에 맞추어 적합한 디자인 요소나 비례를 취사 선택하는 과정이 되는 것이다. 예를 들어 세를리오Serlio의 건축서는 이미 존재하는 건물에 대한 드로잉뿐만 아니라, 특정 건물에 속하지 않는 일종의 건축 프로토타입으로서 비레나 치수 정보가 기입된 오더를 포함하였다. 나아가 이러한 디자인 논리는 이후 근대 산업화와 기계화에 따른 표준화와 대량 생산 방식 안에 무리 없이 흡수된다. ¶ 카르포는 알베르티 이후 근대 건축에 이르기까지 상당한 기간을 지속해온 이러한 동일시의 패러다임과 이에 맞춘 실천적 디자인과 생산 방식에 균열을 가져온 것이 바로 디지털 기술이라 주장한다. 디지털 기술, 특히 알고리듬에 기반한 디자인 및 생산의 패러다임이 기존 인쇄 기술로 대표되는 표준화 및 대량 생산의 패러다임과 근본적으로 다른 점은, 그 메커니즘에 따라 만들어지는 것이 원본이나 서로 동일한 복사본이 아니라 변이된 것들이라는 데 있다. 카르포 본인이 주편집자로 참여한 『아키텍추럴 디자인Architectural Design』의 『건축에서 접힘Folding in Architecture』 특별판(1993)에 소개되었던 그렉 린Greg Lynn이나 베르나르 캐쉬Bernard Cache의 알고리듬에 기반한 작업들, 예를 들어 자의적 변수에 따른 형태 변이로 모양이 도출되는 블롭blob이나 주문자에게 일부 디자인의 권한을 부여하는 주문 제작 방식의 가구 등은 건축가가 고정된 형태가 아닌 알고리듬에 기반한 변이의 가능성을 제시한다는 점에서, 디지털 기술 이전의 근대적 패러다임 밖에 위치한다. 따라서 이러한 변이성의 패러다임은 알베르티가 표기를 통해 유지하고자 했던 것 중에서 가장 중요한 한 가지, 곧 건축가가 저자로서 갖는 위상에 대한 도전이기도 하다. ¶ 우리가 잊지 말아야 할 것은 알파벳으로 대별되는 근대 건축의 표준화와 알고리듬으로 대별되는 디지털 건축의 변이성 논리는 궁극적으로 하나의 기원, 바로 알베르티의 초기 근대 기획에서 비롯하였다. 디지털 기술이 정보를 담고 나르는 방식인 분절적 수화의 방식은, 역설적으로 알베르티가 동일성을 유지하기 위해 제시한 표기적 방식의 극단적 사례다. 알베르티의 작업이 가지는 이러한 이중성은 본문에서 카르포가 하나의 사례로 소개하는, 알베르티가 당시 직접 측정하고 그린 로마의 지도를 오류 없이 배포하고자 고안한 『도시 로마의 묘사Descriptio urbis Romae』의 '작동' 방식이나 인체 스캔 기계 등에서 극명하게 드러난다. 반대로 근대 건축의 기저에는 여전히 알베르티가 뿌려놓은 변이성의 씨앗이 남아 있었으며, 카르포 역시 이 점을 명확히 한다. 단지 그 변이성이 근대 건축에서 어떤 가시적인 건축적 실천으로 구체화되지 못한 이유는, 변이를 생성하고 생산하는 데 지나치게 많은 노력과 시간적, 경제적 비용이 들기 때문이다. 이러한 경제성의 문제를 단번에 해결한 것이 바로 디지털 기술, 즉 획기적으로 빠른 연산 속도를 통해 반복적으로 주어진 과제를 비교적 단기간에 실행할 수 있는 능력이다. 디지털 기술 이후에 변이의 논리가 급속하게 건축 디자인을 휩쓴 까닭이 여기에 있다. ¶ 결국 디지털 기술이 건축에서 이룬 성취는 일차적으로는 건물 생산의 문제이기보다는 건축가의 디자인 영역, 더 정확히는 재현의 문제와 관련되어 있다. 디지털 기술은 건축가가 그의 디자인 안에 변이성을 개입시키는 작업, 다시 말해 변이적인 무언가를 '그리는' 작업을 훨씬 쉽고 빠르게 해결해주었다. 그런데 디지털의 전환은 당연하게도 건축 생산의 문제이기도 하다. 따라서 근대 건축 패러다임이 직면한 위기는 단순히 형식적 동일성이나 표준화의 위기만이 아니다. 오히려 그것의 진정한 위기는 실제 디지털 기술이 향하고 있는 완벽한 동일성의 실현에 의해 촉발되고 있으며, 이는 어찌 보면 건축 직능과 기율의 위기다. 예를 들어, 건축가의 디자인을 구현하는 것이 더 이상 드로잉이 아닌 수화된 정보를 통해 이루어진다면, 그리고 이 정보를 기계가 직접 받아 비매개적이고 즉각적인 방식으로 건물을 생산한다면, 달리 말해 알베르티가 벌려 놓은 건축가 및 디자인과 시공자 그리고 건물 짓기 사이의 틈새가 애초에 존재하지 않는 조건이 된다면, 우리가 지금껏 고안하고 알고 있던 다양한 표기 체계의 필요성 역시 소멸된다. 이러한 현상, 적어도 그 징후를 우리는 이미 건축 공작fabrication이나 3D 프린팅, 빔BIM 등을 통해 목격하고 있다. 만약 상황이 이대로 전개된다면, 건축가의 작업이란 과연 무엇이 되는가? 게다가 더 급진적으로는, 만약 기계에 디자인의 기하학 정보를 공급하는 주체가 건축가, 심지어는 인간이 아니라면? 더 나아가 기계 스스로 정보를 취합하고 스스로의 논리로 그 정보를 재구축하여 디자인과 생산을 동시에 수행할 수 있다면? 곧, 기계가 스스로의 디자인 지능으로, 어떤 매개의 과정도 필요 없는 방식으로 직접 무언가를 구축할 수 있다면, 그것이 만들어내는 건축과 세계는 과연 어떤 모습일까? 여기서 건축가를 넘어 인간의 역할은 무엇일까? 현재 디지털 기술을 통해 드러난 낯선 변이의 형태들은, 어쩌면 더 큰 전환의 일개 징후일 뿐일지도 모른다.

원문 출처: Mario Carpo, "The Rise," *The Alphabet and the Algorithm* (Cambridge: MIT Press, 2011), pp.51-79.

서막

마리오 카르포

이 장의 일부는 마리오 카르포와 프레데리크 레머가 함께 엮은 책에 소개된 논고 "Alberti's Media Lab," *Perspective, Projections and Design* (London: Routledge, 2007), pp.47-63와, 마리오 카르포와 프란체스코 풀란이 함께 엮은 레온 바티스타 알베르티의 책에 소개된 서문 "Introduction: The Reproducibility and Transmission of Technico-Scientific Illustrations in the Work of Alberti and in His Sources." *Delineation of the City of Rome* (Descriptio Vrbis Rom), eds. Mario Carpo and Francesco Furlan (Tempe, AZ: Center for Medieval and Renaissance Texts and Studies, 2007), pp.3-18에서 발췌한 내용을 발전시킨 것이다.

손으로 만드는 것이 다 그렇듯, 디지털로 만드는 모든 것이 가변적이다. 5세기에 걸쳐 기계화가 진행되면서 우리는 이 사실에 무뎌지게 되었다. 산업혁명은 가변성을 지닌 수제작에서 동일성을 담보하는 기계 제작으로 성공적인 전환을 이루었다고 평가받기도 하지만, 철과 석탄 시대 이전에 분출된 시각의 표준화는 기계 인쇄술이나 르네상스 인본주의라는 새로운 개념에서 태동했다. 중세가 막을 내릴 무렵 알베르티는 거의 모든 것, 예를 들면 텍스트와 이미지, 문자와 숫자, 드로잉과 디자인, 회화와 조각, 가끔은 온전한 건물들이기도 한 건축의 부분들, 자연적인 것과 인공적인 것 모두를 포함하는 모든 3차원 물체들, 간단히 말해 예술과 자연의 거의 모든 표현의 동일한 재생산을 추구했다. 동일한 사본을 재생산하는 데 끈질기게 매달렸던 알베르티의 작업은 예술, 과학 및 문화 기술의 현대사에서 가장 중요한 전환점 중 하나였고, 동일한 재생산이라는 이념에 근거하여 도출한 "표기법을 따르는 건설"이라는 그의 새로운 디자인 이론은 지금도 세계 곳곳에서 건축의 전문성을 규정하고 있다. 그러나 중세 말에는 소수의 사례를 제외하면, 동일한 재생산은 문화적으로 부적절할 뿐만 아니라 기술적으로도 불가능했다. 적절한 문화 기술이 부재하는 상황에서 알베르티는 몇몇

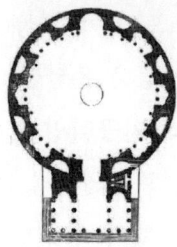

[1] 세를리오, 로마 판테온의 단면, 입면, 평면, 1540

새로운 기술들을 발명해야 했다. 그중 일부는 성공적이었지만 대부분은 결과가 좋지 않았다. 알베르티가 신기술을 처음 형식화했을 때 실제로는 너무나 이상하고 시기적으로도 부적절하여 대부분이 오해를 받거나 무시당했으며 이후로도 상황은 마찬가지였다.

알베르티와 동일한 사본들

심각하게 훼손된 고대 문서들에 정통했던 알베르티는 텍스트와 이미지를 필사해서 전달하는 작업이 저지르는 원본 훼손의 위험성을 너무나 잘 알고 있었다. 필사하는 사람은 실수를 저지르며, 때로는 해석하고, 때로는 새 어구를 써넣기도 하며, 때로는 창조하기도 한다. 하지만 알베르티는 고전 시대 이후로 모든 사람들이 그랬듯 필사 행위에 부수하는 위험이 텍스트와 이미지의 전달에 뚜렷하게 비대칭적인 방식으로 영향을 주며, 알파벳을 이용한 텍스트와 숫자는 그림보다 더 빠르고 안전하게 공간과 시간을 이동하는 것 또한 알고 있었다. 알베르티가 살았던 시대에는 손으로 그린 드로잉을 필사한 사본의 충실도가 드로잉의 복잡성이나 원본이 만들어지고 난 이후 지난 시간에 반비례함을 대부분 학자들도 알고 있었다. 예를 들어 간단한 도형을 이용한 다이어그램은 여러 번에 걸쳐 복사하더라도 비교적 덜 훼손되지만, 내용이 많거나 도형으로 정의할 수 없는 드로잉들은 그럴 수 없었다. 알파벳을 이용해 작성된 텍스트들은 (그리고 숫자의 배열, 힌두 아랍어 및 라틴어 표기법 모두는) 손으로 그린 드로잉을 능가하는 한 가지 장점이 있다. 즉 문자나 숫자는 모두 정확하게 반복될 수 있는 표준화된 기호들로 된 간략한 목록의 영향을 받지만, 드로잉은 그중 어떤 것도 표준이 아니며 정확하게 반복되지 않는, 예측할 수 없는 수많은 기호로 구성된다.[1]

그가 고전 및 중세의 작가들 모두와 공유했던 이러한 곤경을 생각하면 그가 가치를 인정했으며, 사용했고, 필요로

---

1   Mario Carpo, *Architecture in the Age of Printing* (Cambridge, MA: MIT Press, 2001), pp.16-22, 122-124, footnotes. 다이어그램은 오랫동안 선택의 시각적 대용품이었다. 수많은 학술논문의 저자들, 맨 먼저 유클리드(Euclid)는 다이어그램을 이용해 독자들을 가르쳤지만, 그러나 그런 드로잉들은 부가적이거나 혹은 자유로운 정보를 거의 전달하지 못했다. 많은 경우에 다이어그램을 구성하기 위해 필요한 모든 정보들은 텍스트에 포함되어 있었으며, 그 텍스트는 문자와 수에 의해서 의미가 전달될 뿐이었다. 유클리드가 제작한 다이어그램의 전달에 관해서는 다음을 참고하라. J. V. Field, "Piero della Francesca's Perspective Treatise," *The Treatise on Perspective: Published and Unpublished,* ed. Lyle Massey (New Haven: Yale University Press; Washington: National Gallery of Art, 2003), pp.73-74. 또 다른 견해에 관해서는 Reviel Netz, *The Shaping of Deduction in Greek Mathematics* (Cambridge: Cambridge University Press, 1999)를 참고하라.

했던 사본 이미지들의 원본에 대한 충실도를 보존하기 위해
조치를 취한 것은 그다지 놀라운 일이 아니다. 오히려 놀라운
것은 그가 의지한 수단이 매우 극단적이라는 점이다.
알베르티는 정확한 재생산을 주된 목적으로 하는 경우,
복사하기 어려운 삽화는 항상 사용하지 않았다. 대신 텍스트를
이용한 설명(에크프라시스)[2]을 부가하거나, 아니면 숫자나 문자에
기반을 둔 다른 전략으로 대체했다.[3] 알베르티가 회화, 건축,
조각에 대해 저술한 세 권의 유명한 논문 어디에도 도해는
등장하지 않으며, 심지어 의도적으로 사용하지도 않았다.[4]
알베르티는 경우에 따라 쉽게 재생산할 수 있도록 충분히

---

2   [옮긴이] ekphrasis: 그리스어, 묘사, 그림이나 조각을 문장으로 기술하는 문학 기법.

3   건축 몰딩을 알파벳으로 된 문자 기호의 조합으로 설명한 가장 유명한 논고로 다음을 참고하라. Alberti, *De re aedificatoria*, 7.7.10; *On the Art of Building in Ten Books*, trans. Joseph Rykwert, Neil Leach, and Robert Tavernor (Cambridge, MA: MIT Press, 1988), pp.574-575.

4   알베르티의 저작 가운데 하나인『이전 시대의 수학(Ludi rerum mathematica-rum)』은 도해를 사용한 것으로 보이지만 대부분은 특별히 꼭 필요한 경우에만 사용되었다. 이에 관해서는 레온 바티스타 알베르티의『도시 로마의 묘사(Descriptio urbis Romae)』에 관한 프란체스코 풀란의 서문을 참고하라. 알베르티가 건축 드로잉에 관한 새로운 이론과 실무에 대부분을 할애하고 있는『건축론(De re aedificatoria)』을 저술하면서 도해를 드러내놓고 부정했던 것에 관해서는 Carpo, "Alberti's Media Lab," pp.49-51을 참고하라.

서막

단순한 기본 도형을 이용한 다이어그램에 의지했다. 그밖의 경우에는, 이상하게 들릴 수도 있지만, 아날로그 이미지가 가진 단점들을 어원적 의미에 따라 디지털화하여 설명하려고 노력했다. 즉, 그림, 시각적인 이미지를 디지털 파일로 변환하기 위해 고안된 숫자 목록과 계산 명령어 또는 알고리즘 세트로 대체하고, 필요할 때 원본 그림의 사본을 재창조했다. 알파벳, 다이어그램, 알고리즘이라는 각각의 문화 기술은 전달될 수 없는 그림을 어떻게든 대체할 수 있었지만 동시에 제각각 단점도 가지고 있었다.

디지털화

이미지 제작 기술에 관한 알베르티의 연구에서 가장 독창적인 결과 중의 하나는 그가 간결한 라틴어 문장의 형태로 출판했던 〈도시 로마의 묘사〉라는 유명한 디지털 지도다.[5] 1430년대 후반이나 1440년대 후반으로 추정되는 시기에 알베르티는 전력을 기울여 실측한 다음 정확히 축척에 맞는 로마 지도를 그렸다. 그러나 이 지도의 필사본들은 원본 지도의 치수를 거의 보존할 수 없었다. 이 드로잉은 단어로 적절하게 변환될 수 없었기 때문에 알베르티는 이것을 숫자로 변환하는 방법을 찾았다. 그리고 간략한 소개를 통해 그가 어떻게 지도를 그리고

극좌표 체계를 이용해서 '디지털화'했는지 설명했다. 책의 나머지 부분은 사실상 숫자들의 목록이며 사용자들은 알베르티가 묘사한, 오늘날 플로터라고 부르는, 특정 도구에 그 숫자들을 입력함으로써 원본과 동일하거나 혹은 비례가 동일한 그림을 재창조할 수 있으리라 예상되었다.[6] 분명 알베르티는 몇 가지 이유를 근거로 고도로 정밀한 자신의 그림이 디지털 파일에 담겨 공간과 시간을 더 잘 이동할 것이며, 원본 지도는 그것에 관한 기존 사본들을 필사하는 '아날로그' 방식이 아니라, 오로지 수학적 데이터에 근거한 프로그램의 재가동을 통해 시대에 따라 새롭게 다시 그려질 것이라 생각했다. 이러한 과정의 논리적 근거는 13세기 전의 프톨레-마이오스Ptolemaeus의 지리학이나, 알베르티가 잘 알고 있던 우주구조론의 라틴어 번역본에서 이미 명백하게 밝히고 있었다.

---

5 Carpo, "Ecphrasis géographique et culture visuelle à l'aube de la révolution typographique," in Leon Battista Alberti, *Descriptio urbis Romae*, ed. Martine Furno and Mario Carpo (Geneva: Droz, 2000), pp.65-97; Carpo, "Introduction: The Reproducibility and Transmission of Technico-Scientific Illustrations in the Work of Alberti and in His Sources," in Leon Battista Alberti's "Delineation of the City of Rome".

6 Bruno Queysanne, *Alberti et Raphaël, Descriptio urbis Romae, ou comment faire le portrait de Rome* (Grenoble and Lyon: École d'architecture de Grenoble and Plan Fixe, 2000; 2nd edn., Paris: Éditions de la Villette, 2002).

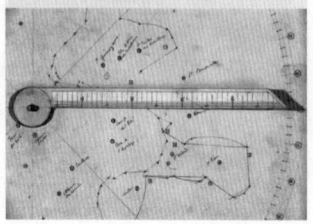

[2] 브루노 퀴산느(Bruno Queysanne)·패트릭 테포(Patrick Thépot), 알베르티 방식으로 그린 지도

그러나 그가 같은 원리를 3차원 물체에 적용했을 때 알베르티는 어딘가에 있을법한 자신의 스승을 뛰어넘었다. 그가 조각에 대해 연구한 『조각론De statua』에는 어디에도 존재하지 않을 것 같은 또 다른 기계에 대한 장문의 기술적 설명이 등장한다. 이 기계의 목적은 인체를 스캔하여 동등한 3차원 좌표목록으로 변환하는 것이다. 『도시 로마의 묘사』에서처럼, 알베르티의 『조각론』에 등장하는 이 장치의 핵심 부분은 일종의 바퀴처럼 회전하는 도구로서, 다소 불편하게 조사 대상인 신체의 머리 부분을 향해 바늘을 내밀고 있다. 돌출한 모든 지점이 숫자로 표시되면, 그 결과인 숫자 목록은 멀리 떨어진 장소나 미래에도 같은 크기로 혹은 비례에 맞춰 확대되거나 축소되어, 원본 신체를 재구성하고 계속해서 복제될 수 있다. 알베르티는 같은 기법을 사용하면 한 조각상의 개별 부분을 서로 다른 작업장에서, 예를 들어 머리는 토스카나에서 발은 그리스에서 동시에 제작한 다음 각 부분을 조립하면 모두 완벽하게 들어맞을 것이라고도 제안했다.[7]

기념물의 영속성이 원래의 기념물 자체보다 일련의 숫자를 통해 보다 온전히 보장되리라는 알베르티의 생각은 이상하게

---

7   Leon Battista Alberti, *On Painting and On Sculpture: The Latin Texts of De pictura and De statua*, ed. and trans. Cecil Grayson (London: Phaidon, 1972), pp.128–130.

[3] 알브레히트 뒤러, 『측정 교본』, 1525

들릴 수도 있다. 일상의 경험은 돌과 대리석이 양피지나 종이보다 시간에 저항하는 힘이 더 뛰어나다는 것을 알려준다. 미리 제조된 부품을 조립하여 조각상을 만들 수 있다는 생각은 우리에게 기술의 기시감technological Déjà Vu에서 오는 불쾌한 감정을 불러일으킨다. 왜 알베르티는 초기 단계의 산업 생산 시스템, 테일러리즘, 조립공정, 아웃소싱, 컴퓨터를 이용하는 제조 방식 등을 꿈꾸고, 상상하고, 미리 만들려고 했을까? 오늘날 "파일 투 팩토리file-to-factory"나 캐드-캠 기술 제작자들은 알베르티의 설명과 상당 부분 겹치는 장점들을 나열하며 귀에 못이 박히게 광고한다. 그리고 알베르티의 "사용자들이 스스로 그리는do-it-yourself" 로마 지도는 기계 기술과 디지털 기술의 긴밀한 관계를 보여주는 또 다른 사례로, 오늘날 디지털 방식의 지도 작성과 지리정보시스템의 논리 및 기능과 묘하게 공명한다.

수세기 동안, 심지어 인쇄된 지도가 널리 상용화된 이후에도 특수지도(특히 군대 또는 여행 일정을 위한)는 오로지 사용자가 요구한 모든 정보를 포함하도록 수작업으로 제작되거나 주문 생산되었다. 이것은 원래 프톨레마이오스가 주문자의 요구에 부응하는 지도 제작 도구 묶음을 통해 누구나 이용할 수 있는 지리정보 데이터베이스라고 생각했던, 지리학을 통해 상상했던 방식이었다.[8] 마찬가지로 오늘날 웹에 기반을 둔 디지털 지도 서비스는 일반 대중을 위해(무료로 제공되지만, 광고를 포함하고 있는)

각 구매자의 요구에 따라 특별하게 조절할 수 있는 지도나 여정 관련 다이어그램을 생성하고, 각각의 지도는 오로지 구매자들(혹은 광고주들)이 요구한 목적이나 위치 그리고 축척에 적합하다고 간주하는 정보들만 포함하고 있다. 마찬가지로 전문적인 용도로 사용되는 지리정보시스템도 모든 종류의 데이터베이스 정보를 수집하여, 각각의 요청에 따라, 시각화된 정보의 계층을 의지에 따라 자유롭게 추가할 수 있는 새로운 지도나 다이어그램을 그린다. 다양한 목적에 따라 지리학을 출판하는(측량사에서부터 관광객, 군대에 이르기까지 다양한 계층의 사용자를 위해 각각 다른 표준 척도로 다양한 사람들에 의해 지도가 출판되는, 그리고 가끔은 국가의 지도 제작 서비스에 의해 출판되는) 시대는 상대적으로 늦게 시작되었지만 이미 끝이 났다. 알베르티의 디지털 프로세스와 우리가 현재 이용하는 프로세스 사이에서 의미 있는 단 한 가지 차이는 속도다. 이것이 최근까지도 알베르티의 디지털화된 도구를 아무도 사용하지 않았던, 심지어는 이해하려고 시도조차 하지 않았던 이유 중 하나일 것이다. 똑같이 독창적인 다른 이미지를 제작하기 위해 그가 고안한 장치는 보다 큰 성공을 거뒀다.

---

8 J. Lennart Berggren and Alexander Jones, *Ptolemy's Geography: An Annotated Translation of the Theoretical Chapters* (Princeton: Princeton University Press, 2000), pp.4–5.

창

알려진 바와 같이 알베르티는 『회화론De pictura』 1권(1435)에서 회화를 시선(혹은 시각의 피라미드, 정점이 관찰자의 눈인)이 그림의 표면을 뚫고 지나간 결과로 정의한 후, 이를 기초로 일소점 투시도라고 알려진 기하학적 구성의 원칙을 설명했다.[9] 그러나 알베르티는 같은 논문의 2권에서 같은 결과들을 얻는 다른 방법을 제안하는데 이것은 보기라는 3차원적인 과정의 물리적이고 실질적인 크기의 재구축에 기반을 두고 있었다. 이 절차는 잘 알려져 있는데, 먼저 관찰자의 눈을 기계적으로 고정된 지점에 위치시킨다. 그런 다음 눈과 대상 사이의 어딘가에 있는 그림 면이 —알베르티가 "유리처럼 투명한"[10] "열린 창"이라고 묘사했던— 단단하지만 반투명한 표면인 "막"으로 대체되면,[11] 그림 면은 눈과 대상을 연결하는 모든 시선을 중간에서 가로채는 "막veil"이 된다. 바로 이 지점에서 가로지르는 모든 점이 물리적으로 분명하게 규정되고, 각인되거나 구획될 수 있게 된다. 이것은 막에 그림의 매트릭스를 만드는데, 마지막으로 그것은 같은 축척으로

---

9 Alberti, *On Painting and On Sculpture, op. cit.,* p.55.

10 Alberti, *op.cit.,* p.49.

11 Alberti, *op.cit.,* p.69.

복사되거나 비례에 따라 확대되거나 축소되어야만 그림의 실제 표면으로 전달될 수 있게 된다. 이를 위해 알베르티는 평행한 선이나 또는 직교 그리드를 사용하는 두 가지의 약간 다른 방법들을 고안했다. 『회화론』의 라틴어판에서 알베르티는 이 절차를 자신이 발명했다고 덧붙였다.[12] 우리는 브루넬레스키 (알베르티가 자신의 논문 이탈리아어 판본을 헌정했던)[13]가 이 진술에 대해 무어라 언급했는지는 알지 못하지만, 드로잉들을 필사하거나 축척을 조절하기 위해 태곳적부터 사용되어 온 "막"에 그려져 있는 그리드가 아니라, 전체적으로는 원근법 기계에 대해 언급했으리라 짐작할 수 있다.

알베르티는 그리드의 수평 또는 수직선의 간격을 제안하지 않았다. 따라서 창의 그래픽 해상도에는 사전 설정된 표준이

---

12 알베르티는 『회화론』을 두 가지 판본, 라틴어(1435)와 이탈리아어(1436)로 썼는데, 둘 사이에는 작지만 의미 있는 차이가 있다. Alberti, *De pictura*, in *Opere volgari, 3,* ed. Cecil Grayson (Bari: Laterza, 1973), pp.54–55 (collated Italian and Latin versions); Alberti, *On Painting and On Sculpture*, pp.68–69 (Latin text and English translation). 『회화론』의 연대(1435-1436)에 관해서는 다음을 참고하라. Alberti, *Opere volgari*, 3, p.305. 어느 판본에도 도해는 등장하지 않는다. 하지만 알베르티의 창에 관한 도해는 『회화론』 후기 판본이나, 이 글의 [3]에 등장하는 알브레히트 뒤러의 『측정 교본』과 같이 투시도를 다룬 수많은 논문에 수록되어 있다.

13 브루넬레스키에게 바친 헌정사의 영역본은 다음 책에 수록되어 있다. Alberti, *On Painting and Sculpture, op. cit.*, p.33.

없다. 그러나 만약 그리드의 해상도를 한계치까지 높이면, 사각형은 점 또는 프리드리히 키틀러Friedrich A. Kittler가 최근 제안한 픽셀로 변한다.[14] 알베르티는 프톨레마이오스를 참조하여, 경도와 위도의 단순한 조합을 이용해서 자신의 그림을 화면에 표시할 수 있는 점으로 변환했을 것이며, 반면에 오늘날 우리는 샘플링과 양자화sampling and quantization를 반복해서 수행하는데 어떤 방법이든 결과물은 같다. 고로 수에 기반을 둔 매트릭스이거나, 실제의 디지털 파일이다. 하나의 그림에 겹쳐 있거나 혹은 숨겨져 있는 직교 좌표 체계는 정량화와 계측 가능성을 암시하며 이 가능성은 수를 의미한다. 때문에 알베르티의 "그리드" 방법은 명백하게 아날로그이고 기하학적이지만, 스크린 위의 전체 이미지를 선이나 점으로 이루어진 프레임으로, 그리고 이들 각 점의 위치나 가치를 숫자들의 조합으로 기록하는 프레임으로 변환할 수 있음을 암시한다.[15]

알베르티의 그림 이미지들은 표면에, 원근법의 그림 면에, 도달한 시선의 꼭짓점에 의해서 남겨진 흔적이라고

---

[14] Friedrich A. Kittler, "Perspective and the Book," *Grey Room* 5 (2001) p.44. 픽셀은 단일한 가치에 의해서 묘사된 이미지 단위이기 때문에, 알베르티의 '아날로그' 그리드는 사실 그래픽 해상도가 기하학적 한계에 도달하지 않는 한 화소로 이루어진 주사선이 될 수 없다.

기하학적으로 정의된다. 오늘날 우리는 이 표지index화된 흔적을 어원학적으로 사진이라고 부르며, 그것은 빛에 의해 자동으로 그려진 이미지다. 알베르티가 고안한 원근법들은 『회화론』 2권에 나오는 광학 기계뿐만 아니라 1권에서 언급되는 기하학적 구조까지도, 어떤 의미에서는 "막" 혹은 "창"이라는, 알베르티가 설정한 그림 면에서 이상적으로 형상화되는 이미지들의 스냅 샷을 포착하기 위해 고안되었다.[16] 다시 말하면, 알베르티의 숫자와 문자, 다이어그램, 알고리즘은 그 자신의 이미지 이론에는 부재한 실제 주인공을 위해 고심했지만 가끔은 충분하지 못한 대체물이라고 할 수 있다. 즉, 현대적이고 정확하게 반복될 수 있으며, 기계적으로 만들어진, 흔적에 근거한 시각적 복제물이었다. 다른

---

15 Kittler, *op. cit*. 또한 시각의 정확성에 관한 근대 초기의 욕망에 관련된 "판토메트리(pantometry)"의 개념에 관해서는 다음을 참고하라. Alfred W. Crosby, *The Measure of Reality: Quantification and Western Society, 1250-1600* (Cambridge: Cambridge University Press, 1997).

16 알베르티는 오늘날의 쇼 박스나 슬라이드 뷰어(박스의 한편에는 반투명한 표면 위에 그림을 두고 반대편에는 들여다보는 구멍을 둔) 같은 또 다른 광학 장치들을 실험했다. 그것은 하나의 고정된 시점에서 투시도 이미지들을 관찰하기 위한 이상적인 상황을 재창조하겠다는 의지 때문이었다. 이를 통해 그는 『회화론』에 묘사된 기하학적 구성을 3차원으로 재현하였다. Carpo, "Alberti's Media Lab," pp.55-56을 참고하라.

경우에서와 마찬가지로, 알베르티가 만든 도구들과 그것들이 사용되는 과정은 사본을 제작하는 과정에서 수작업으로 인한 가변성을 줄이고 이상적으로 제거하기 위해 의도된 것들이었다. 비록 특정한 기술 영역에 국한되어 있지만, 대부분 예술과 공예에서 인간이라는 인자의 역할과 그것의 적절성에 대해 알베르티가 강조했던 혐오는 인본주의자의 자연스러운 소명과는 상충하는 것처럼 보이거나 적어도 오늘날 통용되는 그 용어의 의미와는 상충하는 것으로 보인다. 이것은 단지 손으로 제작된 것의 표준화나 개별적으로 작도되었고 주문자의 요구에 따라 생산되었지만, 그렇다 하더라도 완벽히 동일하게 재생산되어야 한다는 알베르티의 탐구를 특징짓는 바로 그 역설 중의 하나이다.

알베르티는 『건축론De re aedificatoria』 9권(1452)에서, 미의 일반적인 원칙을 자신의 트레이드마크가 된 조화concinnitas에 대한 정의, 즉 "자연에 존재하는 절대적이고 근본적인 규칙"의 명령을 따르는 것으로 설명한다. 알베르티의 이론에서 조화는 수numerus, 완성finitio, 배치collocatio라는 세 가지 특질들의 정당한 구성에서 나온다. 비록 세 항목 중의 첫 번째와 두 번째 용어는 비례이론에서 자주 언급되었지만 세 번째 용어는 자세하게 검토되지 않았었다. 최근 번역가들 대부분이 알베르티의 원문이 가진 일종의 불명료함을 그대로 유지하는 것과는 달리,

1550년경에 배치collocatio를 프랑스어 '에갈리테égalité' 또는
'동일성'으로 번역한 장 마르탱Jean Martin은 보다 뛰어난
통찰력을 보여주었다. 알베르티는 정렬, 대칭 또는 근접성을
통해 시각적으로 연관된 건물의 모든 부분이 동일해야 한다고
주장했다. 그리고 조각상과 조각품을 재생산하는 고대인의
능력에 대해 항상 경탄하며 "이렇게 정확히 일치하는 코는
자연에서도 보지 못할 정도로 서로 너무 닮아서 인간이 자연을
능가했다고 말할 수 있을 정도"[17]라는 말로 글을 마무리했다.

---

17   *De re aedificatoria*, 9.7. pp.4–7; *On the Art of Building*, p.310; *L'architecture et art de bien bastir*, trans. Jean Martin (Paris: Kerver, 1553), pp.136–137. 제임스 레오니(James Leoni)의 첫 번째 영역판 (코지모 바르톨리의 이탈리어 버전을 번역한 것)에는, 이들 동일한 "조상들, 회화들, 그리고 장식들"은 "쌍둥이"로 묘사되어 있다. *The Architecture of Leon Battista Alberti in Ten Books* (1726; London: R. Alfray, 1755), p.201. 알베르티도 레오니도 당대의 발생학적 복제에는 참여하지 않았다.

건축 표기 체계

초상화들과 사본들의 권위

알베르티가 비교적 늦은 나이에 우연히 건축가로서 새로운 삶을 시작했을 때, 그의 첫 번째 임무 중 하나는 기존 건물을 꼭 빼닮은 동일한 복제물을 디자인하는 것이었다.[18] 알베르티의 후원자인 조반니 루첼라이 Giovanni Rucellai는 피렌체의 산 판크라치오 교회에 있는 그의 가족 예배당을 지으면서 예루살렘에 있는 성묘 성당 건물을 그대로 옮겨 오고자 했다. 루첼라이의 계획은 1448년에 이미 문서로 만들어져 있었고, 새로운 가족 예배당을 복제물로 짓겠다는 생각은 1467년 당시 출입구 상부에 남아 있던 비문("예루살렘 성묘 성당의 기도소"[19])에 기록되어 있다.

그러나 알베르티가 피렌체에 지은 사본은 원본과 닮지 않았는데 당시에는 원본이 예루살렘에 있었기 때문이다. 몇 가지 기발한 세부 장식은 비슷하다. 당대 비평가들은 위대한

---

18 현재 논의와는 무관하지만, "팩시밀리의 파워: 과학과 문학에 관한 튜링 테스트"는 당대의 저술가 리처드 파워스(Richard Powers)에 관해 부루노 라투어(Bruno Latour)가 최근에 쓴 논문의 제목이다. Bruno Latour, "Powers of the Facsimile: A Turing Test on Science and Literature," *Intersections: Essays on Richard Powers*, eds. Stephen J. Burn and Peter Dempseys (Urbana-Champaign, IL: Dalkey Archive Press, 2008), pp.263–292.

19 "이 예배당은 예루살렘에 있는 성묘와 닮은꼴이다."

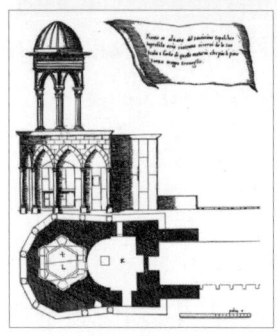

[4] 루첼라이 예배당과 산 판크라치오 교회의
 성묘 성골함, 피렌체

[5] 원근법을 통해 그린 예루살렘 건물들, 1620

건축 표기 체계

예술가인 알베르티가 유명한 건물의 싸구려 복제품에 만족하지 못했음을 암시하면서, 알베르티가 처음 존재했을 법한 원본이라는 생각이 들 만큼 모델을 개선하려고 노력했을 것이라 추측한다. 사실 보이지도 않고 접근할 수도 없는 건물을 복제한다는 것은 당시의 피렌체에서는 큰 도전이 필요한, 불가능한 일이었을지도 모른다. 알베르티는 자신과 의뢰인이 한 번도 보지 못했고, 그 누구도 볼 수 없었던, 그리고 그것에 관한 신뢰할 수 있는 시각적 문서가 존재하지 않았으며 구할 수도 없었던 그런 시각적 모델에서 아무런 영감도 얻지 못했다.

루첼라이 가족 예배당에 대한 더 자세한 이야기는 그 우여곡절을 밝혀낼 보다 면밀한 검토가 필요하다.[20] 그러나 원본과 사본 사이에 존재하는 유사성은 알베르티가 원본 건물의 치수 일부를 포함하여 서면 또는 구두로 전달받은

---

20 추가 서지와 함께 Carpo, "Alberti's Media Lab," pp.56-59과 다음의 자료들을 참고하라. Jan Pieper, "The Garden of the Holy Sepulchre in Görlitz," *Daidalos* 58 (December 1995): pp.38-43; Pieper, "Jerusalemskirchen: Mittelalterliche Kleinarchitekturen nach dem Modell des Heiligen Graben," *Bauwelt* 80, no.3 (January 1989), pp.82-101; Anke Naujokat, *Pax et concordia: Das Heilige Grab von Leon Battista Alberti als Memorialarchitektur des Florentiner Unionskonzils (1439-1443)* (Freiburg im Breisgau: Rombach Verlag, 2006); Naujokat, *Ad instar iherosolimitani sepulchri. Gestalt und Bedeutung des Florentiner Heiliggrabtempietto von L. B. Alberti* (Ph.D. dissertation, University of Aachen, 2008).

텍스트 자료에서 자신의 디자인을 파생시켰을 수도 있음을
암시한다. 이런 작업 방식은 낱말들이 그림보다 훨씬 빨리
그리고 더 멀리 전달되던 중세 시대에는 흔히 사용되던
것이었다. 그러나 이 특별한 사례에서 알베르티가 겪었던
곤경은, 건물에서 상징적으로 실체화된, 광학에 근거한 새로운
야망과 문자에 근거한 전통적인 도구 사이의 갈등을 또다시
강조한다. 분명 사본과 보이지 않는 원본 사이의 정확한 일치를
추구하는 것은 그 자체로 역설이다. 원본과 사본이 서로
일치하지 않는 것은 당연하다. 어떻게 그럴 수 있었을까?
그뿐만 아니라 왜 그랬을까? 누가 눈치를 챘을까? 누가
그 차이를 말할 수 있었으며, 당시 누가 신경이나 썼을까?[21]

　　알베르티의 사상이나, 예술, 건축 이론 및 디자인에서
동일성이 중심적인 역할을 한 사례는 더 많이 들 수 있다.
알베르티는 화가이자 조각가였지만, 당시에는 구상
예술가로서의 재능을 만장일치로 인정받지는 못했다.[22] 조르조

---

[21] Richard Krautheimer, "Introduction to an 'Iconography of Mediaeval Architecture'," *Journal of the Warburg and Courtauld Institutes* 5 (1942), pp.1-33; reprinted in *Studies in Early Christian, Medieval, and Renaissance Art* (New York: New York University Press, 1969), pp. 115-151. 특히 마지막 책의 82-86쪽, 117-127쪽에 나오는 중세의 '비시각적' 형태의 모방이라는 유명한(그리고 논란의 여지가 있는) 개념을 참고하라.

바사리의 Giorgio Vasari 『르네상스 미술가평전 Le Vite』에서 언급된 몇 안 되는 알베르티의 그림 중에는 알베르티가 거울을 이용해 그린 자화상23이 있으며, 친구들의 초상화들과 함께 있는 자화상들은 익명의 저자가 쓴 『알베르티의 삶 Alberti's anonymous Life』(혹은 자서전)에서 인용되는 유일한 그림들이다. 저자에 따르면, 이 그림들은 친구들의 초상화를 배경으로 알베르티가 자신의 머리와 초상을 그린 덕에 그를 모르는 관람자들도 그림을 보고 그의 존재를 알아차렸다고 한다. 알베르티는 또한 어린이들에게 누가 그려졌는지를 물어보는 방법을 통해 그려진 초상화의 사실성을 평가했는데 평가가 좋지 않은 작품의 경우 예술적 지위를 부정했다.24

『회화론』의 마지막 부분에서 알베르티는 자신의 초상화를 미래의 그림들에 포함시켜, 독자들에게 작가로서 자신의 노력을 보상받길 원했다.25 당시 예술가들은 그의 요구가

---

22 Cecil Grayson, Alberti's "Works in Painting and Sculpture," in Alberti, *On Painting and On Sculpture*, pp.143-154. 알베르티에게 편견을 가지고 있던 바사리는, 알베르티가 거의 그림을 그리지 않았으며, 남아 있는 회화 작업들도 좋지 않았다고 평했다. 이에 관해서는 다음을 참고하라. Giorgio Vasari, *Le Vite ... nelle redazioni del 1550 e 1568*, 3, eds. Rosanna Bettarini and Paola Barocchi (Florence: Sansoni, 1971), pp.288-289.

23 Vasari, *Le Vite* 3, p.289.

유별나고 따르기 어렵다는 것을 알았을 것이다. 오늘날 지식재산권이나 저작료 개념이 당시에는 분명 의미가 없는 것처럼 보였을 것이다. 누군가는 알베르티의 초상이 어떻게 대부분의 예술가에게 알려지고 또 일반 대중에게 인정받았는지 궁금할 수도 있다. 다행히도 알베르티는 그가 획득한 기계화된 재생산 기술에 가장 근접한, 청동 바탕에 얕은 돋을새김을 넣어 제작된 하나 이상의 자화상을 남겼는데, 그것은 15세기 회화 Quattrocento를 집대성한 목록에서도 발견되지 않는 알베르티의 초상화를 연구하는 데 오늘날 학자들이 지금도 활용하고 있다. 초상화법 특히 자화상에 관해 알베르티가 흥미를 느낀 것은 또다시 동일성의 문제였다. 최고의 걸작만이 거울이나 정지된 물에 반사된 이미지와 견줄 수 있었다. 두 표면 모두 표지화된 빛의 흔적을 묘사할 수 있기 때문이었다.

---

24 Vita di Leon Battista Alberti, di autore anonimo, con a fronte il volgarizzamento del dott. Anicio Bonucci, in Opere volgari di Leon Battista Alberti, ed. Anicio Bonucci (Florence: Tipografia Galileiana, 1843-1849), cii; Riccardo Fubini and Anna Menci Gallorini, "L'autobiografia di Leon Battista Alberti. Studio ed edizione," Rinascimento, ser. 2, 12 (1972): 73; Grayson, "Alberti's Works in Painting and Sculpture," p.143 (for a different English translation of the same passage).

25 Alberti, De pictura, in Opere volgari, ed. Grayson, 3, pp.106-107; On Painting, p.107.

알베르티의 모방게임과 기술적 실패

지금까지 제시된 모든 사례에서 알 수 있듯이, 알베르티는 끊임없이 동일성을 추구했지만, 부적절한 기술의 한계가 계속해서 그를 방해했다. 같은 실패의 패턴이 그의 다른 작업에서도 반복되었다.『도시 로마의 묘사』,『조각론』및 『회화론』에서는, 원본과 비교해 기하학적으로 또는 비례적으로 동일하다고 정의된 이미지들이 표지화된 흔적들(눈에 수렴하는 시선이 그림 평면에 남긴 흔적이나 혹은 지상에 있는 로마 건물의 흔적)이나 혹은 같은 결과들을 전달하기 위한 대안인 기하학 또는 정수비례를 응용하는 프로세스를 통해서 직접 도출되어야 했다. 가끔은 다른 더 적절한 지지물들로 전이된, 표지화된 이미지들은 동일하게 기록되고 공간과 시간을 넘어 전달되어야 했다. 마지막으로 사본들은(사물이거나 혹은 이미지인 것과 무관하게) 원본이 부재한 어떤 장소나 시간대에서도 원본과 동일하게 혹은 비례적으로 동일하게 재창조될 수 있어야 했다. 같은 논리가 알베르티의 건축 디자인 이론에는 역순으로 적용되었다. 즉, 알베르티의 프로젝트 드로잉들은 표지화된 이미지는 아니지만, 이론적으로는 표지와의 연관성이라는 맥락에서 매트릭스로 인식되었다.

    이 모든 사례를 보면 알베르티의 이미지들은 정확한 양적 정보의 전달자이거나, 혹은 사용하고 실행할 수 있는 측정

가능한 데이터를 기록한 것을 의미했다. 그러나 이 정확함, 다시 말하면 알베르티가 하나의 원본 드로잉에 새겨 넣었던 정확함은 당시에 사용할 수 있었던 어떤 방법으로도 전달될 수 없었고, 복사할 때 손실될 우려도 있었다. 이미 알베르티는 현대의 이미지들을 상상하고 또 어느 정도는 제작할 수도 있었지만, 그것을 재생산해낼 방법을 가지지 못했다.

알베르티가 동일한 재생산을 조건 없이 추구한 이면에는 강력한 형이상학적 열망이 자리 잡고 있었다. 동시에 텍스트, 이미지, 예술 및 산업의 오브제, 그리고 자연의 정확한 복사본들에 대한 요구가 르네상스라는 새로운 문화에서 확산되고 솟아났다. 사실 알베르티가 목표로 삼은 것의 대부분은, 스스로 의심하며 고려하지 못했던 또 다른 재생산 기술에 의해 곧바로 전달되었다. 인쇄된 이미지와 인쇄된 텍스트는 어떤 의미에서는 알베르티가 고안한 프로그램 일부를 충족시켰고, 알베르티가 필요로 했던 것을 정확하게 제공했으며, 원한다면 알베르티 자신이 얼마든지 사용했을 법한 방법이었다. 그는 말년에 이르기까지 이동 가능한 인쇄물에 대해 배우지 못했지만, 생전에 이탈리아에서 흔히 볼 수 있었던 양각, 음각 인쇄에 분명 익숙했을 것이다. 알베르티는 이러한 주변적인 복제 기술이 기술적이고 과학적인 목적을 가지는 과제에 투입될 수 있다고 생각조차 하지 않았다. 하지만 지도가 인쇄될 수 있다는 생각을 제외하면, 알베르티가 제작한 로마 지도를 인쇄하기 위해 필요한 모든 것은 (수치화하는 대신에) 그가 글을 쓰는 당시에 이미 기술적으로 가능했다. 불과 몇 년 후에 시작된, 인쇄물과 인쇄된 이미지의 등장은 알베르티가 수행했던 디지털 실험의 끝을 알렸으며, 알베르티의 디지털 기술은 5세기 동안 시야에서 사라졌다.[26]

돌이켜보면 알베르티의 실험은 일반적인 문화적 요구에 대한 잘못된 기술적 해답으로 볼 수도 있다. 사실 그 요구는 매우 일반적이고 광범위하게 퍼져 있어 곧 다른 기술이 등장하여 알베르티가 추구했던 것의 대부분을 더 좋게, 더 빠르게 그리고 더 저렴하게 전달하게 되는 수준의 요구였다.

---

26 알베르티는 단지 몇 년 차이로 인쇄혁명을 놓쳤다. 그는 전 생애에 걸쳐 단 한 번, 1466년경 로마에서 열린 『De cifris』의 —아이러니하게도 암호 해독 방법인—출간행사에서 있었던 대화를 기록하는 장면에서 인쇄의 발명에 관해 언급했다. Carpo, *Architecture in the Age of Printing*, pp.118-119. 『건축론』(Florence: Niccolò Lorenzo Alamanno, 1485)의 편집자 서문에 대한 그의 서문에서 알베르티가 죽음을 앞두고 건축에 관한 자신의 저작들을 ("editurus in lucem": cf. also De re aedificatoria, pp.3-4) "출판"하려고 준비했다고 폴리티안(Politian)은 기록하고 있다. 프랑수아즈 수와(Françoise Choay)는 최근, 이 메시지가 알베르티가 인쇄 형태로 출판하려했던 것이 아님을 지적했다. 다음 책에 수록된 그녀의 서문을 참고하라. Leon Battista Alberti, *L'art d'édifier*, ed. Pierre Caye and Françoise Choay (Paris: Seuil, 2004), pp.18-19.

기계화된 기술은 알베르티 시대의 수제작 방식이나 디지털화된
기술 그 어떤 것도 제공하지 못했던 동일한 복제물들을
대량으로 생산하였다. 그 과정에서 사용자의 요구에 따르는
비율조정의 가능성은 잃었지만 분명히 손실을 만회하는
이상의 이득을 얻었다. 그리고 기계화된 기술은 이후 5세기
동안 모든 종류와 크기의 정확하게 반복될 수 있는 시각적
인쇄물들을 만들어냈으며, 19세기의 산업혁명에 의해 엄청나게
가속화되었던 그 과정은 이제 막 끝나가고 있다.

당시에는 시기도 적절하지 않고 실제적이지도 않은 발명품
이었음에도 불구하고, 알베르티가 발명한 몇몇 기술과 문화의
상호관계에 근거하는 발명품들은 멋지게 성공했고, 지난 5세기
동안 끊임없이 교정되고 성능이 향상되어 서구의 미술, 건축,
문명의 역사를 기록했다. 새로운 종류인 "사진" 이미지에 대한
알베르티의 광학적 정의는 19세기에 화학을 응용한 사진
기술이 개발될 때까지는 완전한 결실을 보지 못했지만, 시선과
그림 면의 교차점을 결정하는 그의 기하학적 방법은 현대
원근법의 토대였고, 오늘날에도 여전히 일소점 투시도의
기초로서 연구되고 있다. 마찬가지로 점으로 화면을 표시하는
알베르티의 창은 직업 제도사와 아마추어 모두를 위한 드로잉
기계 (퍼스펙토그라프, 판토그라프, 카메라 옵스큐라, 및 카메라 루시다 등)[27]의
오래된 전통을 새롭게 등장시켰는데, 그 전통은 예술사학자와

기술사학자들이 최근에야 연구하기 시작한 장인의 속임수와 그들이 사용한 도구들에 숨어있는 전통 같은 것이다.[28]

건축의 역사와 관련하여 보다 중요하게 고려해야 할 사항은, 동일한 복제물에 관한 알베르티의 연구가 그가 발명한 근대적인 디자인 프로세스와 본질적으로 밀접하게 연관되어 있다는 점이다. 알베르티의 이론에서 건물은 건물과 그것의 디자인이 표기법적으로 정확하게 일치한다고 볼 수 있는 경우에만 그것을 설계한 건축가의 작품이다. (그러나 건축가가 건물을 만들지는 않는다.) 앞서 말했듯 알베르티의 디자인 프로세스는 축척에 부합하는 드로잉, 치수, 각종 투영도, 이것들 각각의 수학적 토대들 등의 문화적 중재자들에 전적으로 의존했으며, 기계화된 기술은 어떠한 것도 요구하지 않았고, 새로운 도구나

---

27 [옮긴이] perspectographs: 대상을 고정해 투시도 제작에 도움을 주는 장치, pantographs: 도면을 복사할 때 축척을 변화시키는 도움을 주는 장치, camera obscura: 암실 장치, camera lucida: 광학을 이용한 굴절 장치

28 일례로 다음의 논고를 비롯한 논쟁을 참고하라. Martin Kemp, *The Science of Art: Optical Themes in Western Art from Brunelleschi to Seurat* (New Haven: Yale University Press, 1990); *Devices of Wonder: From the World in a Box to Images on a Screen*, eds. Barbara Maria Stafford and Frances Terpak (Los Angeles: Getty Research Institute, 2001); David Hockney, *Secret Knowledge: Rediscovering the Lost Techniques of the Old Masters* (New York: Viking Studio, 2001).

서막

기계도 요구하지 않았다. 그가 프로젝트를 기록하고 전달할 수
있는 표기법에 극단적으로 의존했던 것에는 디자인에 대한
자신의 저작권(권위적인)을 나타내는 새로운 방식에 대한 사회적
저항뿐만 아니라 자신이 폐기해버린 도구의 성능에 대해
오판했을 가능성을 보여주는 몇몇 증거들이 존재한다. 그럼에도
알베르티의 표기법은 초기에는 일부 저항에 부딪히긴 했으나
결국 대부분 채택되었다. 지난 5세기 동안, 알베르티가 창안한
표기법을 따르는 패러다임이 서양 건축의 이론과 실천에서
중심이 되었다는 사실은 디자인과 건설을 구분했던 알베르티의
주장이 실용적이었으며, 그 한계 안에서 기술적으로나
사회적으로 통제될 수 있었음을 증명한다.

　알베르티가 고안한 표기법이 건축 디자인에 가한 제약은
근대 건축의 역사를 통틀어 가장 결정적인 요인이었으며,
디지털 디자인의 최근 역사에도 동등하게 관련되어 있다.
그러나 15세기 중반에는 표기법을 따르는 건설이라는
알베르티의 새로운 방식이 중세 후기의 중요한 난제들에
현대적인 해결책을 제공하게 된다. 그리고 이 문제들은
알베르티가 활동하기 불과 몇 년 전, 브루넬레스키라는 최고의
장인이 겪었던 성공과 실패를 통해 이미 중요하게 부각된
문제였다.

알베르티식 패러다임의 발명

알려진 바와 같이 넬슨 굿맨은 알로그래픽[29] 예술은 "선언이 아니라 표기법에 의해 해방"을 쟁취한다고 했다.[30] 굿맨이 현대 초기의 역사에 더 많은 관심을 보였다면, 그는 전해 내려온 오토그래픽[31]한 뿌리로부터 건축이 "해방"되기 시작한 지점을 더 쉽게 발견했을 것이다. 저작자의 예술이라는 근대 건축의 역사는 브루넬레스키가 주도한 피렌체 대성당을 위한 돔 건설에서 시작되었다. 그러나 건축에서 알로그래픽이라는 표기법의 지위에 대한 새로운 정의는 알베르티의 이론과 그의 저서 『건축론』에서 등장했다. 비록 잠깐이나마 건물이 책보다 앞서기는 했으며, 알베르티의 이론은 브루넬레스키의 실행에서 도출된 단서를 받아들였지만, 그 너머로 더 멀리 나아갔다.

동시대인들(혹은 거의 동료들인)에 의해 다소 각색된 이야기에 따르면, 브루넬레스키는 오늘날의 관점으로는 반항적인 아방가르드와 원시 낭만주의의 영웅이었던 프로메테우스를

---

29 [옮긴이] allographic: 다른 사람들에 의해서 건설되기 위해 누군가에 의해서 디자인되는

30 Nelson Goodman, *Languages of Art: An Approach to a Theory of Symbols* (Indianapolis: Bobbs-Merrill, 1968; 2nd edn. 1976), p.122. 본문의 인용문은 두 번째 판(1976)에서 가져왔다.

31 [옮긴이] autographic: 장인에 의해서 착상되고 장인의 손으로 제작되는

서막

합쳐 놓은 진정한 혁명가였다. 중세 후기의 모든 공공 건축 프로그램에 연루되어 강력한 힘을 발휘했던 전통적인 조직 대부분은 피렌체에서 돔을 건설하던 브루넬레스키에게는 가장 큰 장애물이었다. 브루넬레스키는 오래된 시스템을 버리고 새로운 시스템을 도입한 덕분에 돔 건설을 정확하게 관리할 수 있었다. 개인적으로도 제도적으로도 수많은 적을 상대해야 했던 그의 전설적인 투쟁은 피렌체 사람인 안토니오 마네티Antonio Manetti와 조르조 바사리가 집필한 그의 첫 번째 전기에 생생하게 묘사되어 있다. 대부분의 의사결정이 오늘날 말하는 "디자인" 행위와는 결이 다르지만, 기록을 보면 돔 건설의 모든 단계는 우리가 위원회를 통한 디자인이라고 부르는 과정과 비슷하게 이루어졌다. 양모제작자 조합Arte della Lana의 대표자, (지금까지도 존재하는) 성당 운영 및 관리 위원회the Opera del Duomo의 대표자, 그리고 장인 대표로 구성된 다양한 위원들이 돔 건설의 전 과정에서 계속 회합을 가지면서 내부용이나 외부용 보고서를 요청했고, 이전 모델을 부수고 새 모델을 가져오라고 했다. 또한 과제를 결정하고 책임을 부과하며 임금을 지급했다.[32] 돔을 짓는 데 처음부터 세 명의 총괄 시공자master builder를 임명했는데, 브루넬레스키는 동등한 권한을 가진 세 사람 중의 한 명일 뿐이었다.[33] 그리고 다른 한 명의 총괄 시공자는 당시 유명 건축가이자 브루넬레스키의 오랜 경쟁자였던 로렌초 기베르티Lorenzo Ghiberti였다. 마네티는 그의 책에서 브루넬레스키가 1423년에서 1426년 사이 즈음 기베르티를 해고하려고 음모를 꾸몄다고 주장했지만, 실제 문서에는 기베르티가 1436년 돔이 완성될 때까지 건설에 참여했다고 기록되어 있다.[34] 또한 조합에 소속된 장인들이 일으킨 파업과 그로 인해 하룻밤 사이에 벌어진, 브루넬레스키가 롬바르디아 출신이라고 했던 비조합원 장인으로의 교체 등에 관한 이야기에서도 밝혀졌듯이, 조합에 소속된 장인들은 건설 현장 전 영역에서 분명 시끄러운 존재였을 것이다. 파업에 대한 이야기도 롬바르디아 출신 파업파괴자에 관해서도 정확한 기록은 없지만, 분명한 것은

---

32 돔 건설의 역사에 관해서는, 특히 Antonio Manetti, *Vita di Filippo Brunelleschi, preceduta da La novella del grasso*, eds. Domenico de Robertis and Giuliano Tanturli (Milan: Il Polifilo, 1976); Manetti, *The Life of Brunelleschi*, eds. and trans. Howard Saalman and Catherine Enggass (University Park: Pennsylvania State University Press, 1970); Howard Saalman, *Filippo Brunelleschi: The Cupola of Santa Maria del Fiore* (London: A. Zwemmer, 1980)을 보라.

33 Saalman, in Manetti, *The Life of Brunelleschi*, p.139.

34 브루넬레스키와 기베르티는 계속해서 1436년 6월까지 "대표 장인"으로 인정받았다. 기베르티가 일을 마칠 때까지 브루넬레스키와 동일한 급료를 받았다고 주장했지만, 브루넬레스키의 급료는 1426년에 실제로 기베르티를 추월했다. Saalman, in Manetti, *The Life of Brunelleschi*, p.139 ; Tanturli, in Manetti, *Vita*, pp.90–97.

마네티 특히 바사리는 만약 브루넬레스키가 경험도 없는 데다 성향도 좋지 않은 롬바르디아 출신들로 구성된 새로운 팀을 '단 하루' 만에 자신의 마음에 들 정도로 훈련할 수 있었다면, 조합에 속한 피렌체 출신 장인들이 가지고 있던 전통적인 지식은 돔의 건설과정에 기술적으로 결정적인 영향을 미치지 않았을 가능성을 의도적으로 강조했다는 점이다.[35]

당시의 연대기 작성자들에 의해서 전해진 이야기들은, 당대 사람들이 느끼기에 돔을 건설하는 데 브루넬레스키의 주된 임무가 우둔하고 속기 쉬운 후원자들로 이루어진 위원회의 임원들이나, 동료들, 그리고 고용인들을 속이는 독창적인 방법을 계속해서 찾는 것이었다고 말하려는 것처럼 보인다. 그렇다 하더라도, 이는 부수적인 일이었을 것이다. 기록으로 남아 있는 일화의 진실성이나 정확성과는 무관하게, 브루넬레스키는 건물의 지적인 저작권이라는 권위가 전통적으로 모호하거나 잘못 정의되고 있는 상황에서, 새로운 정체성에 형상을 부여하려는 고단한 전투를 수행했음이 분명하다.

브루넬레스키는 시공 경험이 없는 상태로 돔의 건설을

---

35 Saalman, in Manetti, *The Life of Brunelleschi*, pp.108, 141; Tanturli, in Manetti, *Vita*, p.97; Vasari, *Vite*, 3: pp.173-175.

위한 경쟁에 참여했지만, 정체성을 만들거나 파괴하기로
명성이 자자했다. 당시에 그는 뚱뚱한 목공예가에 관한 유명한
농담을 지어낸 것으로 많은 사람들 사이에서 회자되기도 했다.
브루넬레스키는 거의 무작위로 선택된 한 명의 피렌체
장인에게 농담에 등장하는 뚱뚱한 목공예가가 그가 아니라
다른 누군가라고 설득했다. 그의 속임수가 너무 감쪽같은
나머지 결국 이 희생자는 더는 자신이 누구인지 알 수 없으며
알아낼 방법도 없다는 결론에 도달하게 되었다. 피렌체인으로서
정체성을 박탈당한 이 목공예가는 미국이라는 신대륙의
존재가 알려지기 전에 피렌체 사람들의 뇌리에 가장 먼 곳으로
인식되던 헝가리로 이주하여 새로운 삶을 시작했고 부자가
되었다.[36] 이 이야기는 행복한 결말에도 불구하고 초기 현대
유럽에서 개인의 정체성이 얼마나 쉽게 변할 수 있는지
일깨워주며 나탈리 제몬 데이비스Natalie Zemon Davis의 책 『마틴
게레로의 귀환The Return of Martin Guerre』(1983)도 비슷한 사례를
보여준다.[37] 개인의 정체성에 영향을 미치는 것을 넘어, 이
불확정성은 모든 종류의 사물들과 텍스트에서부터 이미지와

---

36 Manetti, "*La novella del grasso*," *Vita*, pp.1-45.

37 Natalie Zemon Davis, *The Return of Martin Guerre* (Cambridge, MA: Harvard University Press, 1983).

음악 그리고 건물에 이르는 미디어 객체들에도 해당되는데 그것의 구체적인 사례들은 다중적이고 가끔은 익명성을 가진 제작자들의 모호한 정체성과 병행하면서 시간과 공간 속에서 표류하고 있었다. 뚱뚱한 목공예가에 관한 농담은 피렌체에서 개인적이거나 혹은 직업적인 정체성조차도 개인의 서명이 아니라 집단적이고 사회적인 공감대에 의해서 결정된다는 것을 보여주었다. 돔 건설을 시작했을 때, 브루넬레스키는 그것을 바꾸겠다고 결심했다.

 돔 건설의 모든 단계에 수반되는 의사결정은 여전히 참여적이고 집단적인 과정을 거쳤지만, 이에 관계없이 브루넬레스키는 최종 결과를 분명하게 자신의 것으로 인정받고자 했다. 이 목적을 위해 브루넬레스키가 선택한 한 가지 수단은 돔을 자신의 힘으로, 비유가 아니라 문자 그대로, 마지막 벽돌까지 건설하는 것이었다. 그 사실을 깨닫지는 못했지만, 그가 고안한 방법은 완전한 오토그래피에 가장 가까운 근사치였으며 실제로 작동하는 것처럼 보이기도 했다. 사실 돔을 건설하기 위해서는 한 명 이상의 사람이 필요했고, 작업자들은 무엇을 해야 하는지에 관해서 지시를 받아야 했다. 이것이 굿맨의 구도에서, 왜 어떤 예술은 알로그래픽하게 되는가에 관한 실질적인 이유 중 하나이며, 그렇기 때문에 저자들에게는 혼자서는 할 수 없는 일을 다른 사람들의 도움을 받아 할 수 있게 해주는 표기법이 필요하다. 브루넬레스키는 그것에 더하여 자신을 위해 저자의 역할을 유지하면서도 노동자들에게 지시할 수 있는 무엇인가를 필요로 하고 있었다. 오늘날 우리는 그것을 문제로 보지는 않지만, 브루넬레스키는 저자라는 새로운 영역을 만들고 소유하기 위해 싸우고 있었고, 전투를 치르듯 전략을 세우고 예방 조치를 취해야 했다. 무엇보다도 먼저 그의 모든 아이디어는 가능한 한 오랫동안 자신과 함께 있어야 했으며, 지시는 단계적으로 주어져야 했고, 주어진 시점에서 필요한 것에 엄격하게 한정되어야 했다.

브루넬레스키가 모델들을 의도적으로 불완전한 상태로 남겨두었다는 전설은 그래서 완벽한 의미를 지닌다.[38] 예를 들어 잘 알려진 1420년의 건설관리계획서를 보면, 과도하게 상세한 지시들과 치수들로 가득한 페이지들이 나오고 홍예틀 없이 돔을 건설하는 프로젝트의 가장 중요한 부분을 설명하는 지점에 도달하면 그 내용이 짧아진다. 계획서에 따르면, 저자(혹은 저자들)는 "실용적인 경험만이 무엇이 뒤따라야 하는지를

38　브루넬레스키가 만든 것으로 생각되는, 돔이나 랜턴에 관련하여 남아 있는 모델들에 관한 논의는 다음을 참고하라. Massimo Scolari, *The Renaissance from Brunelleschi to Michelangelo: The Representation of Architecture*, eds. Henry A. Millon and Vittorio Magnago Lampugnani (London: Thames and Hudson, 1994), entries 261-263, pp.584-586.

알려줄 것."³⁹ 이라고 불성실하게 제안하고 있다. 시에나 출신의 엔지니어 타콜라Taccola⁴⁰는 다른 사람들이 훔쳐가지 않게 하려면 발명가의 아이디어를 공개하지 말라고 했던 브루넬레스키의 조언을 문서로 기록했다.⁴¹ 순무(내구성이 있는 재료도 아니고 정교한 세부묘사를 유지할 수 있는 재료도 아닌)를 깎아서 만든 브루넬레스키의 모형에서부터, 벽돌과 돌을 심지어는 모르타르를 만들기 위한 모래와 석회까지도 직접 검사한 것에 이르기까지 숨겨진 이야기는 차고 넘치며, 마네티의 결론처럼 "그는 모든 것의

---

39 Manetti, *The Life of Brunelleschi*, p.76. 1420년에 제출된 문서에서 브루넬레스키가 어떤 역할을 했었는지는 완벽하게 알려져 있지 않다. 같은 책 116쪽 마네티가 내린 결론을 보라. "몇 년간에 걸친 건축 실무의 경험을 정리한 후, 필리포 브루넬레스키가 자신이 지었던 건물을 위해 필요했으며 그래서 그가 만들었던 모델에 대해서 가지고 있던 경향은-더 적절하게는, 그의 습관-대칭적인 요소들과는 전혀 무관하였음을 말해준다. 그는 세워진 중요한 벽들에만 오로지 관심을 집중하고 있으며, 장식되지 않은 몇몇 요소들의 관계를 보여주고 있다. 이러한 이유로 산타 마리아 델리 안젤리나 산 스프리토를 위한 모델들은 그런 방식으로 만들어져 있다. 그는 바르바도리 주택이나 파르테 구엘파를 위해서는 모델을 만드려고 하지 않았으며 오로지 드로잉으로만 작업했으며, 단계적으로, 석공들이나 조적공들에게 무엇을 해야 할 지를 말했다."(위에서 인용한 살만과 에가스의 "대칭을 이루는 요소들"은 마네티의 "simitrie"를 번역한 것이며, 당시에는 고전의 그리고 비트루비우스의 감각에서 "비례"를 의미하였다.) 브루넬레스키가 "모델을 만드는 사람은 누구라도 그가 가진 비밀을 알게 되지" 못하도록 그가 의도적으로 미완성 상태로 둔 랜턴을 위한 브루넬레스키의 모델에 관해서는, 이 글의 주석 45 이하를 참고하라.

주인인 것처럼 보였다."⁴² 아마도 가장 유명한 일화는 브루넬레스키가 계란을 깨트려 테이블에 세우는 과정을 (콜럼버스에게 기인하는 기담) 자세히 설명했던 바사리를 통해 전해졌다. 브루넬레스키가 자신이 보여준 시범을 목격한 그 회합의 총괄 시공자들(그리고 예상대로, 누구라도 그렇게 할 수 있었을 것이라고 누군가는 주장했을)에게 했던 답변은 효과적이었다. 그는 "이것이 내가 나의 계획을 여러분들에게 공개하지 않는 이유이며, 만약 그렇게 했다면 여러분들은 나 없이 그것을 건설했을 것"이라고 말했다.⁴³

물론 이것이 건축가가 여전히 프로젝트 드로잉을 제작하는 이유이며, 그래서 다른 사람들은 디자이너가 부재하더라도 건설할 수 있다. 그러나 브루넬레스키는 저자로서의 자신의

40　[옮긴이] 마리아노 디 자코포(Mariano di Jacopo, 1382-1453)의 별명, 타콜라(Taccola)는 수다쟁이를 의미하는 표현, 그가 쓴 『De ingeneis and De machinis』는 도해가 포함된 다방면의 혁명적인 기계나 장치들을 다루고 있어서 후기 르네상스의 공학자들이나 예술가들 특히, 프란체스코 디 조르지오(Francesco di Giorgio)와 레오나르도 다 빈치(Leonardo da Vinci)에게 많은 영향을 주었다.

41　Frank D. Prager, "A Manuscript of Taccola, Quoting Brunelleschi, on Problems of Inventors and Builders," *Proceedings of the American Philosophical Society* 112, no. 3 (June 21, 1968), pp.139-141.

42　Manetti, *The Life of Brunelleschi*, p.94.

43　Vasari, *Vite*, 3, p.159.

서막

역할을 정확하게 인정받기 위해 건물에 대한 자신의 저작권을 물리적으로 명백하고, 실체적이며, 언제나 볼 수 있는 것으로 만들어야 한다고 느꼈다. 마네티의 설명에 따르면, 계속해서 현장에 있으면서 그가 했던 일은 단지 필요할 때에 정확하게 지시를 내리는 것이었고, 검측하고 간섭하며 벽돌을 쌓는 모든 과정에 전념하는 일이었다. 브루넬레스키는 건축의 저자에 관한 현대적인 정체성을 발명했을 수도 있지만, 그러나 그의 것은 표지화된 각인에 의한 저작권이었으며 그것은 오토그래픽한, 장인의 저작권이었다.

    브루넬레스키는 스스로 품었던 저자의 야망을 이루기 위해 크나큰 손해를 감내해야 했다. 그가 또 다른 건물들을 위해 만든 미완성 모델과 드로잉들이 가끔은 다른 사람들에 의해 완성되었던 것이다. 브루넬레스키는 현장에 있었지만 다른 일로 몹시 분주했기 때문에, 작업자들은 자신의 재량에 따라 빈 곳을 채우느라 "실수"를 저지르기도 했다.[44] 브루넬레스키는

---

44 이 오류들 중에서 가장 널리 알려진 것은 오스페달레 델리 인노첸티(Ospedale degli Innocenti)의 포티코를 건설하는 과정에서 발생했는데, 그로 인해 마네티는 브루넬레스키가 나무로 제작된 모델 없이 축척에 맞는 드로잉만 제공했다고 말했으며, 드로잉만으로 충분했다고 잘못 추측했다. 똑같이 부주의한 장인 (살만에 따르면, 프란체스코 델라 루나) 역시도 브루넬레스키의 팔라초 이 파르테 구엘파 드로잉을 변경했다. Manetti, *The Life of Brunelleschi*, pp. 97, 101.

실수에 대해 화를 내고 작업자들을 비난하기도 했지만, 건물을 부수지 않았고 심지어 오류를 수정하지도 않았다. 이러한 불운은 표기법이 가지고 있는 유리함에 관한 무엇인가를 그에게 가르쳐주었을 것이다.

 돔 상부의 랜턴은 브루넬레스키가 세상을 떠나기 불과 몇 주 전인 1446년에 건설이 시작되었다. 바사리에 따르면, 1436년 랜턴 건설을 위한 경쟁에서 우승한 브루넬레스키는 랜턴이 자신의 의지에 따라 그가 생각한 대로 (그가 만든 "모델"과 그가 "지시한 문서에" 따라) 정확하게 만들어져야 한다는 유언을 남겼는데, 이것은 브루넬레스키가 죽음의 순간에 이르러 마침내 포기하고 덜 불완전한 형태의 건축 표기법을 받아들였음을 암시한다. 마네티는 완전히 다른 이야기를 하고 있지만 놀랍지는 않다.[45] 어쨌든 건축가의 작업에 관한 정의가 새롭게 알로그래픽한, 혹은 표기법에 관한 것으로 전환되기 시작한 것은 브루넬레스키가 만든 것이 아니었다. 건축에서 표기법의 전환은 알베르티가 1452년경에 저술을 마친 바로 그때 작성된 건설에 관한 논문에서 연마되고 개념화되었다.

 『건축론』 집필 기간과 거의 같은 시기에 건축가로서 실무를 시작했던 알베르티는, 자신의 희생을 바탕으로 총괄 시공자들에게 제멋대로 하려는 경향이 있음을 금세 눈치챘다. 자신과 협력하고 있던 리미니의 부지 관리자와 주고받은 서신에서 볼 수 있는 알베르티의 완고하고 다소 뻐딱한 어조는 현지 작업자들이 그림과 모델로 전달받은 알베르티의 디자인을 따르기 싫어했으며, 그래서 문서를 통해 더 자세히 설명했다는 것을 입증하고 있다.[46]

전통, 불신 그리고 적대감 이외에도 의사소통 자체가 걸림돌이 되었을 수도 있다. 알베르티는 『건축론』 2권에 자신이 규정한 바에 따라 축척에 맞게 그려진 평면, 입면, 측면

---

45 랜턴을 위한 브루넬레스키의 모델은 1436년에 승인되었지만, 그러나 몇 가지 조건이 부가된 것이었다. Saalman, *Filippo Brunelleschi*, pp.139-142. 유언장에 자신의 사후에 진행될 랜턴의 시공은 자신이 남긴 "모델"과 "작업지시서"를 완벽하게 따라야 한다고 남긴 그의 요청에 관해서는 Vasari, *Vite*, 3, p.179를 참고할 수 있다. 그와는 반대로, 마네티는 많은 경우에 브루넬레스키가 아예 모델을 제공하지 않거나, 불완전한 미완의 모델을 제공했다고 강조했는데, 이는 브루넬레스키의 "모델들"이 그의 드로잉, 혹은 해독이 더 어려운 드로잉보다 더 풍부하고 완벽하게 건물에 대한 정보를 지시한다는 의미로 해석했다. 마네티는 브루넬레스키가 랜턴을 위한 모델을 완성했을 때에도 계속해서 비밀의 전통을 따랐으며, "요소들이 그 정도로 신중하게 만들어지지 않았다 하더라도, 그것은 그가 모델을 만드는 사람이 누구라 할지라도 그의 모든 비밀을 발견하지 못하도록 의도한 것이며, 이로써 그들이 실제 건물에서 하나씩 하나씩 따랐던 것처럼 모든 것들을 정확하게 그리고 잘 만들 것을 기대한 것이라고" 주장하였다. 이 사례를 통해 마네티는 브루넬레스키가 작업자들에게 더 나은 교훈을 주기 위해 살지 않았으며, 그리고 이것이 완성된 랜턴의 몇몇 "불완전성"을 설명해준다고 결론을 내렸다. Manetti, *The Life of Brunelleschi*, p.116.

등으로 꾸려진 한 세트의 드로잉을 성공적으로 실었다. 하지만 그는 브루넬레스키가 돔 건설의 전 과정에서 했듯 옆에서 설명하고 손짓하며 화를 내고 현장에 선로를 설치하기도 하는, 건축가 자신이 부재하는 상황에서, 멀리 떨어져 있는 낙후된 지역의 작업자들이 이 계획 도면만 보고 건물을 지을 수 있으리라는 희망은 접어야 했다. 3차원 기술 데이터를 주고받기 위해 표준화된 표기법 언어를 정립하려고 했던

---

46 1454년 11월 18일에 알베르티가 마테오 드 파스티에게 로마에서 리미니로 보낸 잘 알려진 편지를 참고하라. 알베르티는 산 프란체스코 교회를 위한 자신의 "모델"과 "드로잉"이 부적절하게 변형되지 않고 유지되어야 한다고 주장했으며, 심지어 자신이 선택한 디자인에 관하여 설명하고 정당화하기도 했다. 편지에 있는 장식용 소용돌이 문양에 관한 드로잉은 모델에 이미 표현되어 있는 것을 재차 강조한 것이며, 몇몇 벽기둥에 관한 강조한 비례들도 동일하게 "나의 모델"에서 볼 수 있다고 알베르티가 주장한 것이었다. 알베르티는 이 비례들 중 하나라도 변경한다면, "당신은 그 음악 전체에 부조화를 초래하게 될 것(si discorda tutta quella musica)"이라고 경고했다. 알베르티는 또한 자신의 디자인 중 다른 부분, 특히 둥근 천장과 그 눈(다소 화내고 있는 듯한 표현: "이것이 내가 당신에게 말한 진리가 생성되는 지점이다")에 관해서도 준수할 것을 주장하였다. 또한 1454년 12월 17일 마테오 드 파스티가 시지스몬도 말라테스타에게 보낸 편지에서도 알베르티가 파사드와 주두의 드로잉을 모델과 함께 제공하였음을 유추할 수 있다. 누구라도 알베르티의 표기법(드로잉, 모델 그리고 편지)가 해석하기가 어려웠으며 그래서 분명 실행하기 어려웠을 것이라는 필연적인 결론을 내리게 될 것이다. 편지의 영역본은 다음을 참고하라. Robert Tavernor, *On Alberti and the Art of Building* (New Haven: Yale University Press, 1998), pp.60-63, n 64.

알베르티의 비전은 널리 보급되는 데까지 수백 년이 필요했다. 만약 당시에 그런 개념이 존재했다면, 그가 고안한 새로운 건물 표기 방식은 1450년경에는 미래 지향적인 것으로 여겨졌을 것이다. 알베르티와 동시대인 중 일부가 그것에 의심을 표했던 것은 어쩌면 당연한 일이었다. 브루넬레스키의 영웅적 행위에 대한 마네티의 (나중에는 바사리의) 이야기는 마네티가 알베르티의 디자인 방법에 반대했다는 관점을 전제로 독해해야 한다. 그러한 입장에 근거해 마네티가 주입한 것은 주제넘고 쓸모없는 것이었다.[47] 마네티는 알베르티의 『건축론』 초판이 발행된 직후에 자신의 책 『브루넬레스키의 삶』을 썼을 것이며, 마네티는 교황 알렉산더 6세에 반대하여 종교개혁을 외치다가 화형당한 사보나롤라의 추종자로 자신의 삶을 마감한 것으로 알려져 있다.[48] 바사리 또한 알베르티에게 거의 애정이 없었고 과대망상에 빠져 세계를 무대로 하는 알베르티의 지적 야망에 물들지 않고 피렌체의 장인적 인본주의를 고수한

---

47 Manetti, *The Life of Brunelleschi*, p.119.

48 마네티가 쓴 전기의 연대기(그리고 공헌)에 대해서는 다음을 참고하라. Saalman, in Manetti, *The Life of Brunelleschi*, pp.10-11. "반-알베르티에 관한 편견"은 같은 책 30쪽을 참고하라. 마네티의 사브나롤란에 관해서는 다음을 참고하라. Tanturli, "Introduction" to Manetti, *Vita*, xxxvii; Antonio Manetti, *Vita di Filippo Brunelleschi*, ed. C. Perrone (Rome: Salerno, 1992), p.30.

브루넬레스키의 신화를 소중히 여겼을지도 모른다.

알베르티가 창안한 저자의 혹은 표기법에 의한 디자인 방법이 현대 생활의 필수 요소가 되었다는 사실에도 불구하고, 심지어 오늘날에도 어떤 사람들은 이 디자인 방법론이 여전히 자신들의 취향에 비해 너무 앞서나간 기술이라고 생각한다. 여하간 알베르티는 사물을 만드는 과정의 완전한 해체를 가정한다. 알베르티에게 사물은 저자가 손으로 기록한 것을 아무 생각 없이 구체화한 것에 지나지 않으며 알베르티의 이론에서는 제작이라는 물화의 과정이, 인간의 손에 의해 수행되었음에도 불구하고 인간의 모든 의도가 빠져 있다. 널리 알려진 바와 같이 존 러스킨John Ruskin은 르네상스 건축이 장인들을 노예로 만들었다고 주장했고,[49] 칼 마르크스Karl Marx는 알베르티의 방법이 궁극적으로는 장인들을 "소외"시켜 무산계급으로 만들었다고 더 적절하게 언급했을지도 모른다. 당대의 하이데거주의자들은 알베르티가 가치 없는 일에 집착했음을 암시하면서, 알베르티의 방법이 살아 있는 사물Ding을 침묵하는 사물로Gegenstand 바꾸기 시작했다고 덧붙일지도 모르겠다.

---

49   John Ruskin, *The Stones of Venice* (London: Smith, Elder, 1851-1853), p.iii, p.iv, pp.35, 194.

알베르티가 실제로 정립하려고 했던 것이 무엇이던 간에 그것은 오래도록 실현되지 못했다. 20세기의 후반 초엽에, 넬슨 굿맨은 당시의 청사진에서 나타나는 표기법의 지위를 평가하면서 건축이 아직은 완전히 알로그래픽한 상태로 전환되지 않았다고 결론을 내렸다. 그에게 건축은 여전히 오토그래픽한 과거와 어느 정도 예견할 수 있는 알로그래픽한 미래 사이의 중간 지점에서 "두 가지 것들이 혼재된" 그래서 "과도기적" 상태에 있는 것처럼 보였다. 굿맨이 썼듯이, 그는 "건축 작업을 건물이 아니라 디자인과 동일시"하려고 했고 당시 대부분의 건축가도 동의했을 것이다.[50]

바로 그 전환이 최근 몇 년간 진행되고 있다. 당대의 캐드-캠 기술은 수 세기 동안 유지되어왔던 디자인과 건설의 표기법적 격차를 간단하게 메꿔버렸다. 각각의 캐드 파일에는 건물을 구성하는 각 기하학적 지점들의 공간적 위치에 관한 정확하고 명료한 지시가 포함되어 있으며, 디지털 표기법은 해당 파일을 읽기 위해 사용된 것과 유사한 기계가 있는 한 저자의 존재 여부와 관계없이 실행될 수 있다.[51] 캐드 파일은

---

50 Goodman, *Languages of Art*, pp.218-221.

51 이것은 건물이 언제나 세워져야함을 의미하는 것은 아니며. 앞서 논의한 것처럼 표기법의 유일한 목적은 오브제의 기하학적인 정의다.

굿맨이 표기법에 대해 요청한 모든 복잡한 요구사항을 충족시킨다. 캐드-캠 기술로 인해 건축은 마침내 완전히 알로그래픽한 상태를 달성한 것이다.

    그러나 디지털 방식으로 생성된 자동화된 알로그래피는 예기치 않은 결과를 초래할 수도 있다. 캐드-캠의 통합과 빔(건설 정보 모델링) 소프트웨어로 인해 디자인과 생산이 점점 더 하나의 과정으로 통합되고, 창작과 생산은 중단 없는 과정이 된다. 지금까지는 소규모 오브제나 시제품 조립에 국한되어 있지만, 몇몇 경우들에서는 기존의 캐드-캠 기술이 이미 그 단계에 도달했다. 건축가의 디자인은, 필요하다면 건축가 앞에서 건축가가 작업을 하는 도중에도 즉각적으로 자동으로 조립될 수 있다. 이러한 상황은 러스킨이 주장했던 것처럼 마법에 의한 것도 아니며, 노예에 의한 것도 아니다. 이것은 디지털 캐드-캠 기계에 의해 수행된 것이다. 고급 캐드-캠 시스템이 이미 지원하고 있듯이 그리고 실제로, 디자인과 생산의 모든 단계에서 인력과 기술 네트워크 간의 협력과 상호작용을 장려함에 따라, 이 모든 것들의 최종 결과인 디지털 방식으로 지원된 건축의 표기법 체계는 장인의 수작업이 전승해온 나름의 고유한 오토그래픽한 특징 일부를 재현할 수 있다. 현대 이전의 장인들이나 알베르티 이전의 총괄 시공자들이 한때 그랬던 것처럼 누구든지 토론하고 디자인하고 만드는 것을 동시에 수행할 수 있다. 어쩌면 우리 시대의 후기 하이데거주의자들은 디지털 기술에 대해 재차 숙고해야 할지도 모르겠다.

지은이 마리오 카르포(Mario Carpo)

건축 역사 이론학자. 미국 조지아공과대학교 등 여러 대학에서 강의했으며, 영국 런던대학교 바틀렛건축대학원 교수로 재직 중이다. 비트루비우스, 그리고 이탈리아 르네상스를 비롯한 초기 근대 건축과 현대 디지털 건축 사이를 넘나들며 서양 건축 기율과 역사를 문화기술의 관점에서 다시 쓰는 작업에 몰두하고 있다. 대표 저작으로는 건축서를 중심으로 인쇄 매체에 따른 서양 건축 기율의 변천을 다룬 『인쇄 시대의 건축(Architecture in the Age of Printing)』(2001), 오늘날 디지털 건축의 양상을 명쾌하게 기술한 『알파벳과 알고리듬(The Alphabet and the Algorithm)』(2011)과 『두 번째 디지털 전환(The Second Digital Turn)』(2017) 등이 있다.

옮긴이 박민수

인하대학교와 서울시립대학교에서 건축을 공부했다. 건축문화설계연구소에서 실무를 시작했고, 건축잡지 편집장으로 활동했으며 다수 전시공간디자인 및 시공에 참여했다. 건축 역사 및 이론에 관심이 많아 각각의 차이를 발견하고 말하기를 즐겨한다. 현재 도시재생현장지원센터에 몸담고 있다.

도판출처

건물이 의미하는 방식
넬슨 굿맨

01 〈Église Saint-Nicolas〉, Civray / 사진: JLPC / 출처: Wikipedia

02 Jørn Oberg Utzon, 〈The Opera House〉, Sydney / 사진: Adam. J. W. C. / 출처: Wikipedia

03 Antoni Gaudí, 〈Temple Expiatori de la Sagrada Família〉, Barcelona / 사진: 작가 미상 / 출처: 오래된 엽서에서 스캔

04 Gerrit Rietveld, 〈Schröder House〉, Utrecht / 모형: Gerard van der Groenekan / 출처: The Museum of Modern Art, New York. Gift of Mrs. Phyllis B. Lambert. © 2004 Artists Rights Society (ARS), New York/Beeldrecht, Amsterdam)

05 Johann Balthasar Neuman, 〈Basilika Vierzehnheiligen〉, Bamberg / 사진: Ermell / 출처: Wikipedia

06 Johann Balthasar Neuman, 〈Basilika Vierzehnheiligen〉, Bamberg / 출처: Wikipedia

07 Jean Louis charles Garnier, 〈Palais Garnier〉, Paris / 사진: 작가 미상 / 출처: 오래된 엽서에서 스캔

건축적 투사
로빈 에반스

01 손윗 F. 베르트랑, 〈터스칸 주두의 그림자〉1817. 레이드지에 펜과 검은색 및 붉은색 잉크, 옅은 회색 가미. 58.6×43.8cm. / 출처: CCA DR 1979:0026:007

02 알브레히트 뒤러, 『(도시, 성, 읍의) 축성에 대한 몇 가지 교훈』 (1527)에 실린 〈도시 성곽 모서리의 요새 설계〉. 목판화, 29.3×18.9cm. / 출처: CCA 8216 Cage (cat. no. 1)

03 알브레히트 뒤러, 『축성에 대한 몇 가지 교훈』(1527)에 실린 〈요새의 입면〉목판화, 29.1 × 41.6cm. / 출처: CCA 8216 Cage

04 알브레히트 뒤러, 『측정 교본』(1515년 뉘른베르크 판본의 복제 중판)에 실린 〈타원을 산출하도록 절단된 원추의 기하학적 드로잉〉, 오프셋 평판, 29.8 × 20.0cm. / 출처: CCA ID85-B20156-1

05 알브레히트 뒤러, 『측정 교본』(1515년 뉘른베르크 판본의 복제 중판)에 실린 〈류트를 투시도로 그리기 위한 기계적 방식〉, 오프셋 석판화, 29.8×20.0cm. / 출처: CCA 1085-B20156-1

06 로렌조 시리가티, 『투시도 연습』(1596)에 실린 41번 삽화, 〈평면과 입면으로 그린 류트의 투시 투사도〉, 판화, 30.0×22.0cm. / 출처: CCA WM6200 Cage

07 손윗 자크 앙드루에 뒤 세르소의 공방, 〈고대 방식의 아치〉(1565-1585년경), 피지에 펜과 검은색 잉크, 옅은 검은색 가미, 31.1×22.5cm. / 출처: CCA DR 1986:0108:017

08 손윗 자크 앙드루에 뒤 세르소의 공방, 〈3개의 터스칸 기둥〉(1565-1585년경), 피지에 펜과 검은색 잉크, 옅은 검은색 가미, 31.1×22.5cm. / 출처: CCA DR.1986:0108:001

09 피에로 델라 프란체스카, 〈회화의 투시도에 대하여〉(대략 1480년대 판본의 복제 중판), 오프셋 석판화, 14.0×17.1cm. / 출처: CCA ID85-B9792.

10 손윗 자크 앙드루에 뒤 세르소의 공방, 〈어느 숙박소의 파사드〉(1565-1585년경), 피지에 펜과 검은색 잉크, 옅은 검은색 가미, 31.1×12.5cm. / 출처: CCA DR 1986:0108:015

11 지아코모 바로치 다 비뇰라, 『건축의 다섯 가지 오더의 규칙』(1562) 22쪽에 실린 〈터스칸 오더〉, 판화, 35.0×20.8cm. / 출처: CCA WM3245 TR/vi

12 브로쉬에르, 〈로마식 도릭(=터스칸) 오더〉(1823). 레이드지에 펜과 검은색 잉크, 옅은 검은색 잉크, 흑연 60.7×41.5cm. / 출처: CCA DR1979:0027:001 (cat. no. 29.2)

13 가스파르 몽주, 『도학』(7판, 1847)에 실린 도판 14와 15. 도판 14는 11.8×16.6cm 에칭, 도판 15는 21.8×16.6cm 에칭. / 출처: CCA PO 12033

14 안드레아 포초, 『화가와 건축가를 위한 투시도』(1711)에 실린 그림 94와 100. 〈평탄한 투시도 그림을 보울트로 투사하는 방법〉 그림 94는 16.4×17.4cm의 에칭이고, 그림 100은 16.8×25.0cm의 조각도를 사용한 에칭이다. / 출처: CCA wx9038:1

15 안드레아 포초, 『화가와 건축가를 위한 투시도』(1711)에 실린 그림 52. 〈평탄한 투시도 장면을 돔으로 투사하기〉 에칭, 28.5×18.0cm.

16 안드레아 포초, 〈예수회 선교 사역의 알레고리〉, 로마 성 이냐시오의 네이브 보울트(1691-1694년 사이)

17 도미니코 마리아 카누티와 엔리코 하프너, 〈성 도미니크의 찬양〉, 로마 성 도미니코와 시스토 성당 보울트(1674-1675)

18 작자 미상, 〈문틀과 그 주변을 위한 콰드라투라 드로잉〉(1675년과 1725년 사이), 펜과 갈색 잉크와 검은색 분필 위에 옅은 갈색, 54.2 × 40.3cm. / 출처: CCA DR1960:0021

19 플라미니오 이노센조 미노치, 〈볼로냐 산 조반니 인 몬테의 예배당 장식을 위한 디자인〉(1780-1790년 사이). 우브지에 포개진 레이드지에 흑연 위에 펜과 갈색 잉크, 옅은 갈색과 회색 가미, 41.5 × 30.3cm. / 출처: CCA DR1962:0005 (cat. no.14)

20 엘 리시츠키, 베를린 예술 대전시회에 설치된 〈프라운〉 공간의 엑소노메트릭 투사도 (1923). 우브지에 석판화, 44.3 × 59.9cm. / 출처: CCA DR1984:1581 (cat. no. 16)

건축 드로잉이 작동하는 방식

소닛 바프나

01 미스 반 데어 로에, 〈벽돌 전원주택〉(1924). 투시도 (위)와 개념적 평면도 (아래)가 게시된 전시 패널. 평면도에 적힌 두 단어는 〈거실(Wohnräume)〉과 〈작업실(Wirtschaftsräume)〉이다. 네거티브에서 인화. / 출처: 만하임 시립미술관

02 테오 반 두스부르흐, 〈러시아 춤의 리듬〉(1918). 캔버스에 유채, 53 ½" x 24 ¼" / 출처: Museum of Modern Art, New York; 릴리 P. 블리스(Lillie P. Bliss) 기증 (Credit: SCALA/Art Resource, NY).

03 〈호프만의 제14규칙을 보여주는 다이어그램〉. 오목한 주름의 규칙 – 형상은 오목한 주름을 따라 부분들로 나뉜다. 이 규칙에 따라 우리의 시각 체계는 활용 가능한 신호를 기반으로 가시적 세계를 구축한다. / 출처: 호프만(D. Hoffman), 『시각 지능(Visual Intelligence)』(New York, W. W. Norton and Co., 1998)

04 〈카를 벵스톤(Karl Bengston), 카를 밀레스(Karl Milles)를 위한 란트하우스와 아틀리에〉, 스톡홀름, 1906-07. (a) 조망도와 (b) 평면도; 이 드로잉은 20세기 초반 란트하우스의 전형을 보여주며, 미스의 벽돌 전원주택 드로잉의 상대적으로 놀라운 급진성을 판단하는 기준이 된다. / 출처: 에리히 하에넬(Erich Haenel), 하인리히 차르만(Heinrich Tscharmann), 『현대 단독주택(Das Einzelwohnhaus der Neuzeit)』(Leipzig, J. J. Weber, 1909)

05 〈성 스테판(St. Stephen) 대성당〉, 비엔나. 평면, 그리고 동쪽 외관에 위치한 탑 가운데 하나를 여러 단계에서 횡단면으로 잘라 중첩한 드로잉(16세기). 이러한 드로잉은 전적으로 표기적인 용도를 위해, 즉 다양한 층위에서 요소의 적당한 크기를 정하기 위한 템플릿의 용도로 그려졌다. / 출처: 한스 코에프(Hans Koepf), 『비엔나 소장품의 고딕 평면(Die Gotischen Planrisse der Wiener Sammlungen)』(Vienna, Böhlaus, 1969)

06 마이클 마이스터(Michael Meister)가 기술적(descriptive)으로 그린 〈라지발로차나 신전〉(600년경). 라짐, 인도: 왼쪽은 실제 신전을 그린 것이며, 오른쪽은 그 상부 구조 안에 묘사된 건물들을 다시 그린 것이다. / 출처: 마이스터, 『힌두교 신전 탈/재-구축하기(De- and Re-Constructing the Hindu Temple)』, 『미술 저널(Art Journal)』, 49 (1990), 395-400쪽.

07 베니스에 있는 팔라디오(Palladio)의 〈성 프란체스코 델라 비냐(S. Francesco della Vigna) 성당〉의 파사드에 관한 루돌프 비트코버(Rudolf Wittkower)의 분석적 연구: 왼쪽은 팔라디오의 파사드 디자인을 스카모치(Scamozzi)가 그린 것이며, 오른쪽은 중첩된 신전의 정면을 보여주는 비트코버의 그림이다. / 출처: 비트코버, 『인본주의 시대의 건축 원리(Architectural Principles in the Age of Humanism)』(London, Alec Tiranti, 1952)

서막

마리오 카르포

01　로마 〈판테온〉 / 출처: *Sebastiano Serlio*, 『*Third Book*』 (Terzo libro … nel qual si figurano, e descrivono le antiquità di Roma [Venice: Marcolini, 1540], pages VII, VIII, IX).

02　알베르티의 『도시 로마의 묘사』에서 제공하는 방법과 좌표에 따른 지도와 드로잉 장치의 재구성 / 사진: Images by and courtesy of Bruno Queysanne and Patrick Thépot.

03　Albrecht Dürer, 〈Vnd*erweysuug* [sic] der Messung〉, mit dem Zirckel vnd Richtscheyt, (Nuremberg: H. Formschneyder, 1538), fig. 67.

04　〈Shrine of the Holy Sepulcher〉, Cappella Rucellai, Church of San Pancrazio, Florence. / 사진: Anke Naujokat

05　Bernardino Amico da Gallipoli, 〈*Trattato delle piante ed immagini dei sacri edificii di Terrasanta disegnate in Gierusalemme secondo le regole della prospettiva, e vera misura della lor grandezza*〉 (Florence: Pietro Cecconcelli, 1620), plate 33. / 출처: 앞의 책

건축 표기 체계
상상, 도면, 건물이 서로를 지시하는 방식

초판 발행	2019년 2월 1일
개정판 발행	2020년 9월 1일

기획	현명석
편저	현명석, 김현섭, 박민수, 정만영

발행	이병기
편집	방유경
디자인	김의래, 박민지
인쇄	삼조인쇄(주)

펴낸곳	도서출판 아키트윈스
출판등록	2013년 1월 1일
등록번호	제 2013-16호
주소	서울 광진구 긴고랑로30길 34 (중곡동) 202호 (우 04923)
전화	070-8238-0946
팩스	02-6499-1869
이메일	architwins@outlook.com

ISBN	978-89-98573-09-6 (94540)
	978-89-98573-08-9 (세트)
	값 15,000원

* 아키텍스트는 도서출판 아키트윈스의 임프린트입니다.
* 잘못된 책은 바꿔드립니다.